Platonische Körper
und ihre Verwandlungen

Platonische Körper und ihre Verwandlungen

Kreativ gestalten mit Walter Kraul

Verlag Freies Geistesleben

Walter Kraul, geboren 1926, studierte Mathematik und Physik. Er war wissenschaftlicher Mitarbeiter am Sonnenobservatorium Wendelstein, ab 1953 unterrichtete er lange Zeit als Waldorflehrer an der Rudolf-Steiner-Schule München. Daneben gründete er eine eigene Spielzeugfirma, für die er selbst Spielsachen und Lehrmittel entwarf, herstellte und vertrieb.
Im Verlag Freies Geistesleben sind von ihm außerdem erschienen: *Erscheinungen am Sternenhimmel; Spielen mit Wasser und Luft; Spielen mit Feuer und Erde.*

1. Auflage 2014

Verlag Freies Geistesleben
Landhausstraße 82, 70190 Stuttgart
www.geistesleben.com

ISBN 978-3-7725-2073-0

Fotos: Jürgen Pfeiffer (Einband und ganzseitige Fotos),
alle anderen Fotos: Peter Schreyer
Gestaltung & Satz: Thomas Neuerer
Druck: Gorenjski Tisk, Kranj
Printed in Slovenia

Inhalt

Vorwort 7
Einführung: Zur Geometrie der platonischen Körper 9
Was ist ein platonischer Körper? 9
Beweis, dass es nur fünf platonische Körper gibt 12
Zuordnungen 13
Zur Lage der platonischen Körper 14
Der goldene Schnitt 15
Grundlegendes zu den Vielecken 16
Platonische Körper bauen 21
Symmetrien in der Schachtelung. 26
Polaritäten der platonischen Körper 28
Die platonischen Körper und die Kugel 32
Bauen mit mehreren platonischen Körpern . . 35
«Gäste» in den platonischen Körpern 47
Projektionen der platonischen Körper 51
Ebene Schnitte durch die platonischen Körper 53
Falsch zusammengesetzte Hälften von platonischen Körpern 59
Verschnürungen der platonischen Körper . . . 61
Kemper-Gebilde 62
Geflochtene Kugeln 64
Halbierung entlang den Kanten 65
Die platonischen Körper aus Pyramiden 70
Durchdringungen polarer platonischer Körper 73
Durchdringung Tetraeder – Tetraeder 73
Durchdringung Würfel – Oktaeder 74
Durchdringung Dodekaeder – Ikosaeder 78
Platonische Zwillingspaare. 82
Bündel platonischer Körper 85
Der Fünf-Tetraeder-Stern 86
Der Fünf-Würfel-Körper 90
Der Fünf-Oktaeder-Körper 92
Das Stutzen 94
Abgestutzte Ecken 100
Eingestülpte Ecken 106
Das Zelten 108
Archimedische Körper 118
Offene Körper 124
Prismen und Spindeln 127
Catalanische Körper 128
Durchdringungen archimedischer und catalanischer Körper. 133
Gekerbte platonische Körper. 138
Diagonalen im Dodekaeder 147
Sternkörper 147
Die Poinsot-Körper 150
Erweiterung der platonischen Körper 153
Ein dritter Zwölf-Fünfeck-Körper 154
Goldene Rechtecke und goldene Quader . . .159
Mittelpunkte der platonischen Körper 163
Zur Unendlichkeit 164
Die unendlich ferne Eben 165
Literatur .169
Kopiervorlagen 170

Vorwort

Was mag einen dazu führen, sich näher mit den regelmäßigen geometrischen Körpern zu beschäftigen und sie vielleicht sogar in vielen Variationen nachzubauen? Welchen Reiz üben der Würfel, das Tetraeder oder das Dodekaeder auf uns aus? Ist es die Harmonie ihrer Formen, die eine Vollkommenheit ausstrahlt, oder sind es die vielen geometrischen Bezüge, die manch einer schon beim ersten Anblick erahnen mag? Ist es die außergewöhnliche Ästhetik dieser räumlichen Gebilde? Im Folgenden wird sich zeigen, dass alle diese Aspekte eine Rolle spielen können und die Besonderheit der platonischen Körper ausmachen. Ob Sie sich dabei den Gebilden vor allem gedanklich-betrachtend nähern oder auch kreativ-konstruierend zur Tat schreiten, bleibt Ihnen überlassen.

Ich habe versucht, den Text mit möglichst wenigen mathematischen Überlegungen zu belasten. Keine Sorge, fachliche Kenntnisse werden nicht vorausgesetzt. Trotzdem führen uns die folgenden Betrachtungen und die zahlreichen Abbildungen tiefer in die Welt der regelmäßigen Körper, in ihre Zusammenhänge und faszinierenden Verwandlungsmöglichkeiten hinein. Ein paar weitergehende mathematische Überlegungen, die an manchen Stellen eingefügt werden, können aber auch übergangen werden.

Um ein besseres Verständnis zu ermöglichen und damit sich der Leser leichter orientieren kann, werden am Rand oder am Ende jedes Kapitels die wichtigsten Aspekte noch einmal in einer Zusammenfassung bzw. einem Merksatz herausgestellt. Diese Texte sind jeweils in **blauer Schrift** hervorgehoben.

Es folgt zunächst ein einführendes Kapitel zu den platonischen Körpern, das mit ihren Gesetzmäßigkeiten vertraut macht und einige Grundlagen vermittelt. Auch wer vor allem daran interessiert ist, die vielen schönen Gebilde nachzubauen, wird hier wesentliche Eigenheiten und Besonderheiten kennenlernen. Das daran anschließende Kapitel zeigt, wie man die fünf platonischen Körper baut – und sie sogar ineinanderschachteln kann! Alles, was man zum Basteln und Konstruieren braucht, wird hier aufgeführt. Die weiteren Kapitel entfalten dann die vielfältigen Verwandlungsmöglichkeiten der regelmäßigen Körper. Da vollziehen sich die erstaunlichsten geometrischen Metamorphosen – polare Formen durchdringen sich, die Körper werden gekerbt, ihre Ecken werden eingestülpt oder abgestutzt … So entstehen archimedische oder catalanische Körper, Stern- oder Poinsot-Körper.

Alle diese Gebilde können selbst nachgebaut werden. Hinweise, die sich dabei konkret auf den Bau der Figuren beziehen, werden **in roter Schrift** hervorgehoben. Um ihre Konstruktion zu verstehen, ist es jedoch notwendig, sich auch mit den zugrunde liegenden Gesetzmäßigkeiten vertraut zu machen, die im jeweiligen Kapitel dargestellt werden.

Das Nachbauen der Körper – mit einfachen Werkstoffen wie Pappe, Papier, Kleber und Farbe – ist bestens dafür geeignet, Geometrie handgreiflich zu erleben, sich an der Schönheit ihrer Gesetze zu erfreuen und sie kreativ nachzuvollziehen. Obendrein erhalten wir außergewöhnliche dekorative Objekte, die ihren besonderen ästhetischen Reiz entfalten. So wünsche ich Ihnen viel Freude beim Kennenlernen dieser geometrischen Wunderwelt und beim Konstruieren der vielfältigen Gebilde!

Noch ein Wort zur Entstehung dieses Buches: Als unser Sohn Peter vierzehn Jahre alt wurde, schenkte ich ihm zum Geburtstag ein selbst geschriebenes Büchlein über die platonischen Körper mit der Bemerkung, wenn er alles verstanden habe, dürfe er es mir sagen, er bekomme dann eine Fortsetzung. Viele Jahre hat es gedauert, bis er mir erklären konnte, dass er alles verstanden habe. So machte ich mich an die Erweiterung. Dabei kam mir der Gedanke, den alten Text mit dem neuen zu kombinieren und so die Zusammenhänge der platonischen Körper mehreren Menschen zugänglich zu machen. Das Ergebnis ist das vorliegende Buch. Die schier unübersehbar vielen Eintragungen im Internet deuten darauf hin, dass ein weit verbreitetes Interesse an diesem Thema besteht.

Danken möchte ich allen Menschen, die mir behilflich waren. Das ist vor allen meine Frau Margarethe, die den aufgesetzten Text oftmals kritisch las, mein Sohn Christoph, der mir bei der Technik geduldig zur Seite stand, Peter Schreyer, der die Modelle fachmännisch fotografierte, und Jürgen Pfeiffer, der bei den ganzseitigen Fotos dieses Buches die Gebilde gekonnt in Szene setzte und dabei ihrem ästhetischen Reiz nachspürte. Meinem Sohn Peter sei das Buch gewidmet.

Icking, im Juli 2014 *Walter Kraul*

Einführung: Zur Geometrie der platonischen Körper

Was ist ein platonischer Körper?

Die Beschäftigung mit den fünf regulären Körpern reicht bis in die Antike zurück. Durch die Jahrhunderte hindurch sind Philosophen, Mathematiker und Astronomen immer wieder der vollkommenen Harmonie und den geometrischen Gesetzen dieser Gebilde nachgegangen, haben ihre Formenvielfalt verfolgt und kosmologische Bezüge hergestellt. Ausführlich hat der griechische Philosoph Platon (427 – 347 v. Chr.) diese räumlichen Urformen in seinem Werk *Timaios* beschrieben – daher ihre Namensgebung. Platon nannte sie die «Weltfiguren» und setzte sie mit den vier Elementen in Beziehung (siehe S. 13). Noch im 16. Jahrhundert hat der Astronom Johannes Kepler (1571 – 1630) sie in seine Forschungen einbezogen und glaubte sie in den Planetenabständen gefunden zu haben. Aber auch in neuen Büchern zu den platonischen Körpern wird ihr besonderer Reiz und ihre Vollkommenheit hervorgehoben. So schreibt etwa Renatus Ziegler: «Sie gehören zu den schönsten und mathematisch betrachtet zu den reichhaltigsten Raumgebilden. Ihnen liegt eine Fülle harmonischer Eigenschaften zugrunde, wie sie bei keinen anderen geometrischen Körpern zusammen vorkommen.»[1]

Abb. 1 stellt die fünf platonischen Körper vor, sie haben alle das gleiche Volumen. Die Formeln für die Volumina finden sich auf S. 33. Abb. 2 zeigt die platonischen Körper als durchsichtige Kantenmodelle.

Abb. 1: Die platonischen Körper als Flächenmodelle

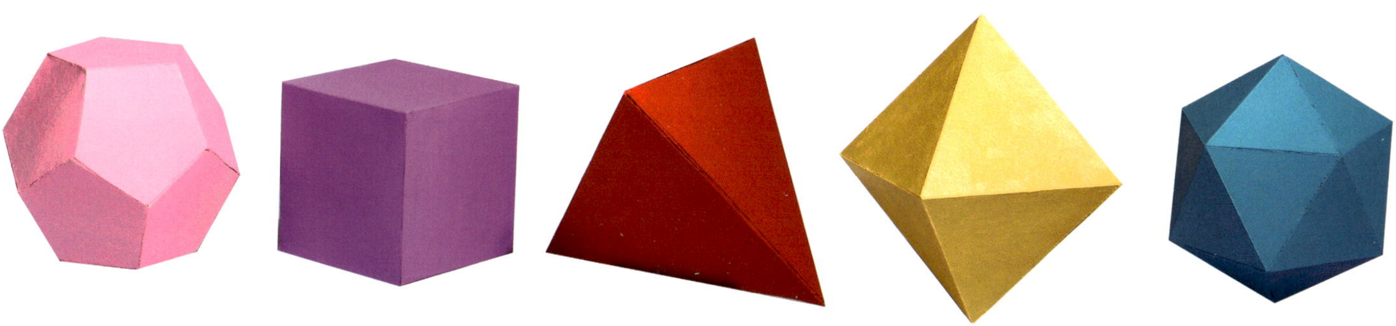

Dodekaeder Würfel Tetraeder Oktaeder Ikosaeder

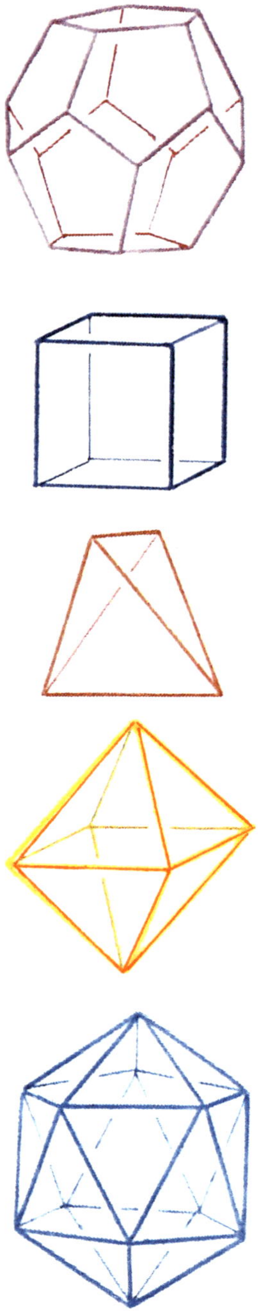

Abb. 2: Die platonischen Körper als durchsichtige Kantenmodelle

Die Namen für die platonischen Körper stammen aus dem Griechischen. Vorne steht die Anzahl der Flächen, also «tetra» für vier, «hexa» für sechs, «okta» für acht, «dodeka» für zwölf und «ikosa» für zwanzig. Das angehängte «eder» steht für «Flächner». Es gibt jeweils mehrere Körper, welche zu den oben eingeführten griechischen Namen passen würden, weil sie die entsprechende Anzahl von Flächen haben; «platonisch» werden aber nur die hier abgebildeten *regelmäßigen* Körper genannt.

Der bekannteste von diesen fünf Körpern ist das Hexaeder, man nennt ihn gewöhnlich **Würfel** oder auch «Kubus». Er ist aus den drei Raumesrichtungen aufgebaut: links – rechts, vorne – hinten, oben – unten. Er strahlt Festigkeit und Sicherheit aus. Vom Spielewürfel her wissen wir ihn als Zufallszahlenspender von 1 bis 6 zu schätzen. Kein anderer platonischer Körper kann wie er lückenlos gestapelt werden. Unser Kochsalz kristallisiert in dieser Form. Jede viereckige Schachtel steht als Quader dem Würfel nah, so wie auch die Ziegelsteine und die meisten Räume, in denen wir uns aufhalten. Man kann den Würfel als ein Quadrat des Raumes ansehen, denn was für die Ebene das Quadrat ist, das ist für den Raum der Würfel.

An zweiter Stelle der Bekanntheit steht das aus vier gleichseitigen Dreiecken bestehende **Tetraeder**. Es ist der spitzeste von allen platonischen Körpern; unmöglich kann es kullern wie ein Würfel. Wir werden sehen, dass es eigensinnig sein kann und sich immer wieder Ausnahmen erlaubt. Vor einiger Zeit wurden Säfte gerne in Tetraedern verpackt; dadurch ist es allgemein bekannt geworden. Man kann das Tetraeder als ein gleichseitiges Dreieck des Raumes ansehen.

Das **Oktaeder** ist der Doppelpyramidenkörper. Es könnte ebenfalls wie ein Würfel mit den Zahlen 1 bis 8 verwendet werden, denn es kullert auch ganz nett. Die zwei Pyramiden des Oktaeders erinnern an die großen Vorbilder in Ägypten; diese haben allerdings nicht genau gleichseitige Flächen, sie folgen einem anderen Prinzip.[8] Der Fluorit dagegen kristallisiert exakt in oktaedrischer Form.

Das **Ikosaeder** ist äußerlich der komplizierteste platonische Körper. Wie Tetraeder und Oktaeder besteht seine Oberfläche aus lauter gleichseitigen Dreiecken, zwanzig an der Zahl. Bei näherem Hinsehen bemerkt man, dass diese nach Fünfecken angeordnet sind. Kein Körper hat mehr gleichseitige Dreiecke als das Ikosaeder.

Es bleibt noch das **Dodekaeder,** der «König» unter den fünf platonischen Körpern; von ihm geht eine gewisse Würde aus, die ihn den anderen Körpern gegenüber auszeichnet. Sie kommt wohl von den Fünfecken, aus denen er als einziger Körper aufgebaut ist. In jedes dieser zwölf Fünfecke lässt sich ein Pentagramm, ein Fünfstern, zeichnen. Die Zahlen Zwölf und Fünf gestalten diesen edlen Körper. Gerne verwendet man das Dodekaeder als Grundstein oder Urne. Wir werden sehen, dass es von allen platonischen Körpern der Kugel am nächsten kommt und dass es das reichste «Innenleben» hat. Man kann das Dodekaeder als ein regelmäßiges Fünfeck des Raumes ansehen.

Man definiert die platonischen Körper als **Polyeder** (Vielflächner), die von regelmäßigen Flächen gleicher Art und Größe begrenzt sind, das heißt, ein platonischer Körper hat lauter gleich lange Kanten und lauter gleich große Winkel. Auch die Ecken müssen regelmäßig und gleicher Art sein. Außerdem sind die platonischen Körper konvex, das heißt, sie haben nur nach außen stehende Ecken und Kanten, keine nach innen stehenden. Solche Körper nennt man auch «regulär».

Abb. 3 zeigt dagegen Beispiele geometrischer Körper, die zwar aus lauter regelmäßigen Dreiecken aufgebaut sind, aber verschiedene und auch unregelmäßige Ecken bzw. einspringende Kanten haben und deswegen nicht zu den platonischen Körpern gehören. Der Körper a ist eine Kombination von zwei fünfseitigen Pyramiden, Teilen des Ikosaeders. Der Körper b ist ein Oktaeder, das halbiert wurde und dem dann ein Gürtel von acht regelmäßigen Dreiecken zugegeben wurde. Der Körper c ist ein Tetraeder, dem man vier weitere Tetraeder aufgesetzt hat. Dadurch entstehen außer neuen Ecken und Flächen auch einspringende Kanten. Der Körper d besteht aus zwei zusammengesetzten Tetraedern, Alle diese Körper gehören zur Gruppe der «Deltaeder».

Die fünf platonischen Körper heißen: Tetraeder, Würfel, Oktaeder, Dodekaeder und Ikosaeder.
Sie erfüllen drei Bedingungen: Sie sind aus gleichen, regelmäßigen Flächen aufgebaut. Sie haben lauter gleiche, regelmäßige Ecken. Sie sind konvex.

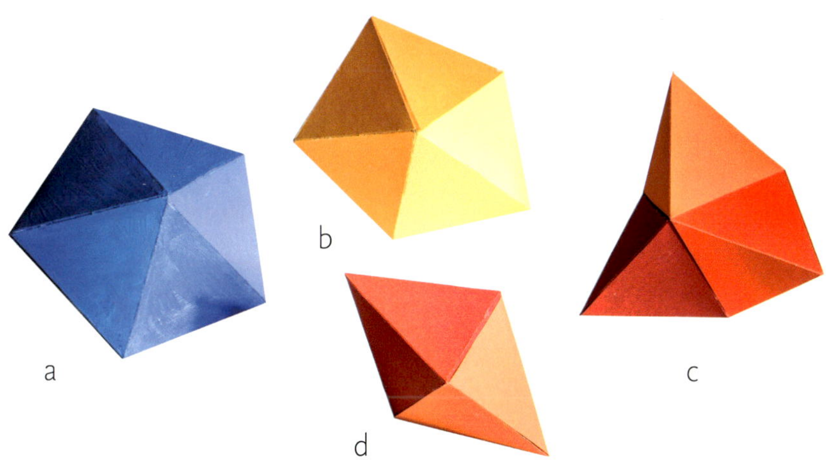

Abb. 3: Deltaeder (keine platonischen Körper)

Beweis, dass es nur fünf platonische Körper gibt

Mehr als diese fünf platonischen Körper gibt es nicht. Dies bewies schon Euklid in seinen *Elementen* um 325 v. Chr. auf folgende einfache Weise.

Vorbemerkung: Um eine räumliche Ecke aufzubauen, sind mindestens drei in einem Punkt zusammenlaufende Flächen nötig.

Aus drei gleichseitigen Dreiecken entsteht eine Ecke des Vierflächners, des Tetraeders (Abb. 4 a). Mit vier gleichseitigen Dreiecken bekommen wir eine Ecke des Achtflächners, des Oktaeders (Abb. 4 b). Fünf gleichseitige Dreiecke bilden eine Ecke des Zwanzigflächners, des Ikosaeders (Abb. 4 c). Sechs gleichseitige Dreiecke liegen in einer Ebene, sie können eine räumliche Ecke nur bilden, wenn mindestens eine Kante einspringend ist.

Aus drei regelmäßigen Vierecken, Quadraten, können wir die Ecke eines Sechsflächners, des Hexaeders oder Würfels, falten (Abb. 4 d). Vier Quadrate liegen bereits in einer Ebene, es ist nicht möglich, aus ihnen eine räumliche Ecke zu machen.

Aus drei regelmäßigen Fünfecken bildet sich eine Ecke des Zwölfflächners, des Dodekaeders (Abb. 4 e). Vier regelmäßige Fünfecke in einer Ebene liegend überschneiden sich bereits.

Drei regelmäßige Sechsecke liegen wie Bienenwaben lückenlos in einer Ebene und lassen sich nicht zu einer räumlichen Ecke erheben.

Damit sind wir fertig, denn drei regelmäßige Vielecke mit noch mehr als sechs Ecken überschneiden sich alle schon in der Ebene liegend. Es gibt also nur die fünf oben vorgestellten platonischen Körper.

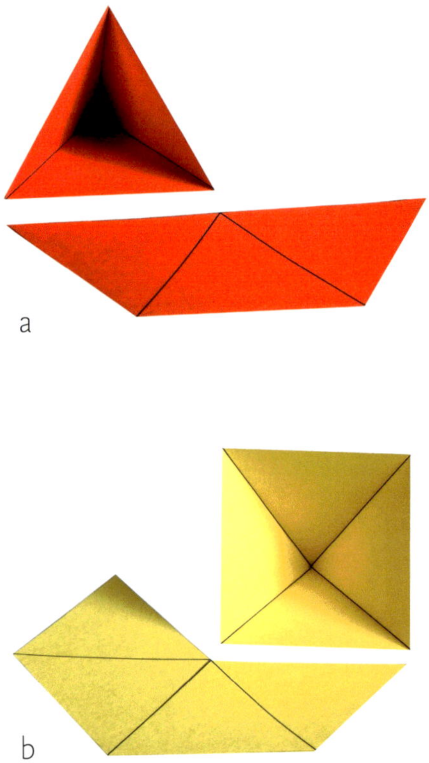

a

b

c d e

Abb. 4: Es gibt nur fünf platonische Körper.

Zuordnungen

Platon hat die folgenden Zuordnungen aufgestellt (und wir haben ihnen entsprechende Farben zugeordnet):

- dem Hexaeder bzw. Würfel die Erde (blaulila wie Veilchen)
- dem Tetraeder das Feuer (rot wie die Glut)
- dem Oktaeder die Luft (gelb wie Sonnenblumen)
- dem Ikosaeder das Wasser (türkis wie Bergseen)
- dem Dodekaeder das ganze Universum (magenta, aufgehellt; Goethe nannte diese Farbe «Pfirsichblüt»).

Johannes Kepler hat diese Zuordnung übernommen (Abb. 5).

Abb. 5: Die platonischen Körper nach Kepler

Man könnte meinen, es sei nach der Verteilung der Elemente das Dodekaeder übrig geblieben und Platon hätte mit dem Universum eine Notlösung gefunden, um auch dem letzten Körper gerecht zu werden. So ist es aber nicht. Wenn man die fünf Körper vor sich hat und einen aussuchen soll, der das Universum vertreten kann, wird man das Dodekaeder dazu bestimmen und keinen anderen platonischen Körper.

Die Farben werden in dieser Schrift zur besseren Orientierung so konsequent wie möglich verwendet.

Den platonischen Körpern sind die vier alten Elemente zugeordnet, das Dodekaeder dem ganzen Universum. Die hier verwendeten Farben sind: Tetraeder rot, Würfel lila, Oktaeder gelb, Ikosaeder türkis, Dodekaeder pfirsichblüt.
Dodekaeder und Würfel können als männlich, Ikosaeder und Oktaeder als weiblich angesehen werden; das Tetraeder wirkt wie ein Kind.
Würfel und Oktaeder sind die irdenen Körper, Dodekaeder und Ikosaeder die Goldenen. Das Tetraeder zeigt sich als Einzelgänger.

Johannes Kepler bezeichnet in seinem Werk *Weltharmonik* den Würfel und das Dodekaeder als «männlich», das Oktaeder und das Ikosaeder als «weiblich». Diesen Zuordnungen kann man sich durchaus anschließen. Das Tetraeder ist in dieser Hinsicht neutral, ein «eigensinniges Kind».

Nach Adam und Wyss[2] kann man «irdene» und «goldene» platonische Körper unterscheiden. Die «Goldenen» sind Dodekaeder und Ikosaeder, denn in ihnen findet man in mannigfacher Weise den goldenen Schnitt. Die «irdenen» Vertreter sind bei diesen Autoren Würfel, Oktaeder und Tetraeder. Das Tetraeder erweist sich immer wieder als eigenartig. Deswegen werden wir es hier nicht zu den «irdenen» Körpern zählen, sondern eigenständig betrachten – man kann es «himmlisch» nennen (im Sinne von: noch nicht ganz angekommen).

Zur Lage der platonischen Körper

Zur Lage der einzelnen platonischen Körper in den Abbildungen 1 und 2 sei bemerkt: Jeder materielle Würfel bleibt nach einem Wurf ganz selbstverständlich auf einer Fläche liegen, so kennen wir ihn. Das Oktaeder würde unter gleichen Bedingungen auch auf einer Fläche liegen bleiben, es erscheint uns in dieser Lage eher unübersichtlich. Sowie wir das Oktaeder auf eine Ecke stellen, erkennen wir das Bildungsprinzip als zwei zusammengefügte vierseitige Pyramiden. Das Dodekaeder erscheint uns auf einer Fläche liegend übersichtlicher als auf einer Ecke stehend. Beim Ikosaeder ist es umgekehrt: Es erscheint uns übersichtlicher, wenn es auf einer Ecke steht. Und das Tetraeder? Wir werden immer wieder darauf stoßen, dass es gerne auf einer Kante sitzt.

Die beiden «männlichen» Körper Würfel und Dodekaeder liegen sicher und fest auf einer ihrer Flächen. Die beiden «weiblichen» Körper Oktaeder und Ikosaeder stehen gern kokett auf einer ihrer Ecken. Das Tetraeder setzt sich gern auf eine seiner Kanten.

Der Würfel und das Dodekaeder liegen also gut auf einer ihrer Flächen. Das Oktaeder und das Ikosaeder hängen wir an einer Ecke auf, stellen es in einen Ring oder befestigen es an der Unterlage mit einem Klümpchen Knetwachs bzw. Plastilin. Das Tetraeder lässt sich an einer Kantenmitte aufhängen oder auf einen Ständer mit Kerbe setzen. In diesen bevorzugten Lagen sind die platonischen Körper in den Abbildungen 1 und 2 dargestellt.

Dodekaeder und Würfel bevorzugen das Liegen auf einer Fläche, Ikosaeder und Oktaeder den Stand auf einer Ecke, das Tetraeder bevorzugt den Sitz auf einer Kante.

Der goldene Schnitt

Bei der Geometrie der platonischen Körpern spielt der goldene Schnitt, wie wir in den folgenden Betrachtungen immer wieder sehen werden, eine wichtige Rolle. Was ist der «goldene Schnitt»? Eine Strecke kann geteilt werden. Wenn dies in der Mitte geschieht, ist sie halbiert. Eine Strecke kann auch gedrittelt, geviertelt usw. werden. Alle diese Teilungen haben keinen direkten Bezug mehr zur ganzen Strecke. Anders ist das bei der Teilung im «goldenen Schnitt».

Man definiert ihn so: «Eine Strecke ist im goldenen Schnitt geteilt, wenn sich der kleinere Teil m (Minor) zum größeren Teil M (Major) verhält wie der größere M zur ganzen Strecke (m + M).» Diese Teilung nannte Kepler sogar die «göttliche Proportion».

Bei einer Fortsetzung dieser Teilung ins Größere oder ins Kleinere spricht man von einer «steten Teilung». Der goldene Schnitt spielt eine große Rolle in der Malerei, der Plastik und in der Architektur. Auch in der Natur ist der goldene Schnitt zu finden. Abb. 6 zeigt drei Beispiele.

Es gilt $m : M = M : (m + M)$. Die Lösungen dieser quadratischen Gleichung: $M = \frac{\sqrt{5}+1}{2}$ oder gerundet $M = m \cdot 1{,}62$ bzw. $m = M \cdot 0{,}62$.

Die übliche Konstruktion des goldenen Schnittes in drei Zirkelschlägen: Die Strecke AB halbiert gibt die Mitte P. In B das Lot in der Länge von BP errichtet gibt C. A mit C verbinden. BC von C auf AC abgetragen gibt D. AD von A aus auf AB abgetragen gibt G, den gesuchten goldenen Teilpunkt von AB (Abb. 7).

Abb. 7: Konstruktion des goldenen Schnittes

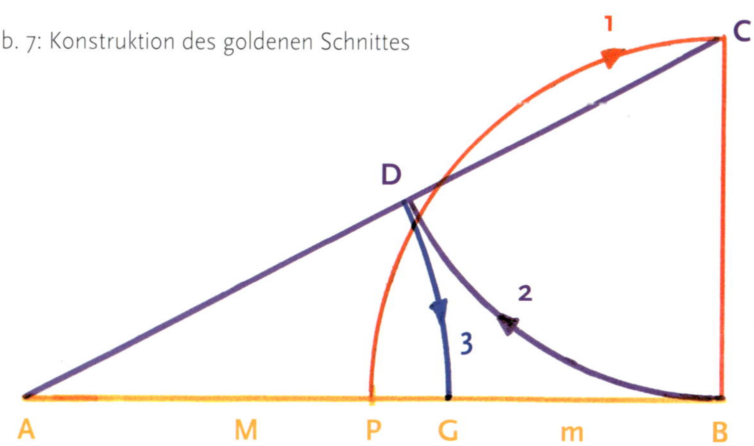

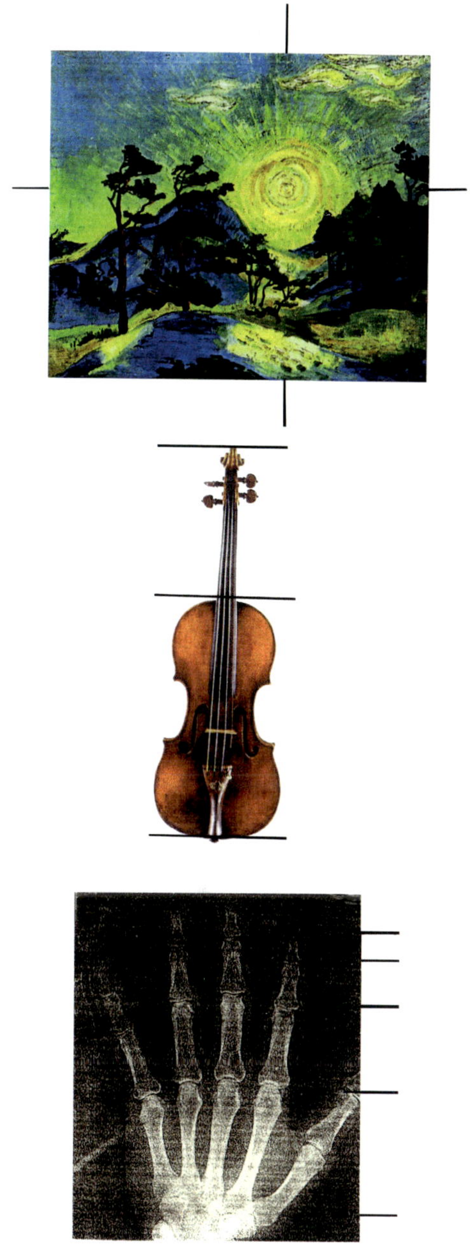

Abb. 6: Goldener Schnitt in Pechsteins «Aufgehende Sonne» (Breite und Höhe), an der Geige, an den Handknochen (in steter Teilung)

Grundlegendes zu den Vielecken

Ebene Flächen haben mindestens drei Ecken. Sie können aber auch mehr, d.h. viele Ecken haben. Wir zählen die Dreiecke schon mit zu den «Vielecken». Es werden hier einige Vielecke vorgestellt, denen wir später begegnen werden. Es geht dabei nicht um die Größen, sondern nur um die Formen.

Es gibt **verschiedene Dreiecke**. Da ist zuerst das vollkommen regelmäßige, das «gleichseitige Dreieck» mit seinen drei gleich langen Seiten und drei gleichen 60°-Winkeln zu nennen (Abb. 8 a). Aus ihm sind das Tetraeder, das Oktaeder und das Ikosaeder aufgebaut.

Das praktische «Geodreieck» mit einem rechten Winkel und zwei 45°-Winkeln ist ein «gleichschenklig-rechtwinkliges Dreieck», ein halbes Quadrat (Abb. 8 b). Dieses Dreieck hat eine Hypotenuse, die $\sqrt{2}$ mal (also 1,41… mal) so lang ist wie die beiden Katheten.

Dreiecke, deren Seiten im goldenen Schnitt stehen, nennen wir «goldene Dreiecke». Es gibt davon zwei Arten. Ein goldenes Dreieck kann aus zwei Minoren und einem Major bestehen oder aus einem Minor und zwei Majoren. Im ersten Fall haben wir ein stumpfwinkliges (Abb. 8 c), im zweiten ein spitzwinkliges Dreieck vor uns (Abb. 8 d). Diese beiden goldenen Dreiecke sind gleichschenklig.

Die Winkel im stumpfwinkligen goldenen Dreieck sind 36° / 36° / 108° und im spitzwinkligen goldenen Dreieck 72° / 72° / 36°.

Es gibt **verschiedene Vierecke**. Das Quadrat ist das Ur-Viereck, aus ihm ist der Würfel aufgebaut. Seine zwei Diagonalen sind gleich lang und schneiden sich rechtwinklig in dessen Mitte (Abb. 9 a).

Abb. 8: Besondere Dreiecke

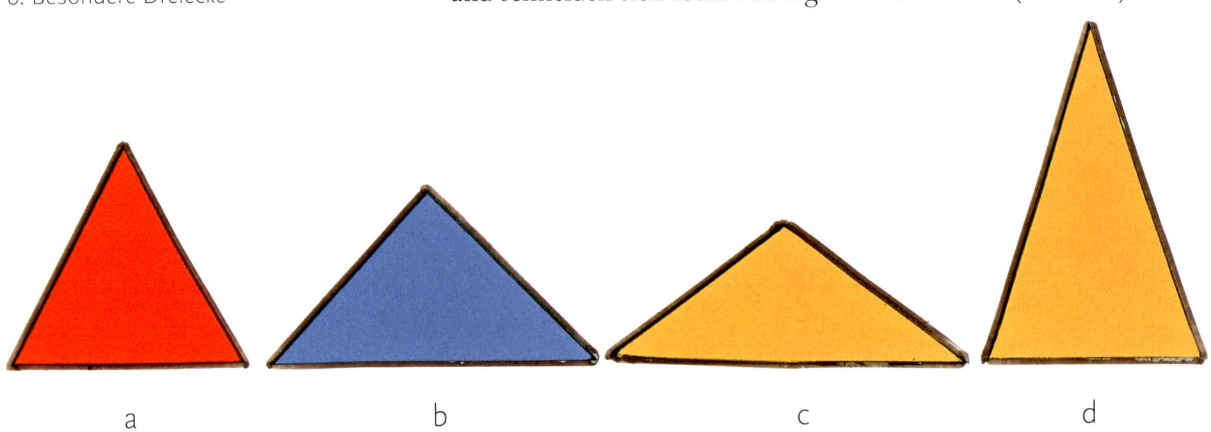

Abb. 9: Besondere Vierecke

Wenn die Seiten von einem Rechteck im Verhältnis wie eine Quadratseite zu ihrer Diagonale stehen, haben wir das Verhältnis vom DIN-Format vor uns (Abb. 9 b). Dieses Rechteck hat die Eigenschaft, nach Halbierung über die längeren Seiten oder Verdoppelung der kürzeren Seiten wieder das gleiche Seitenverhältnis zu haben. Es ist ein recht praktisches Rechteck, man nennt es auch «Diagon».

Im Rechteck können die zwei verschieden langen Seiten im goldenen Schnitt stehen, wir nennen es dann ein «goldenes Rechteck» (Abb. 9 c).

Alle Rechtecke haben zwei gleich lange Diagonalen, die sich gegenseitig halbierend in der Mitte des Rechtecks treffen.

Man kann die Winkel eines Quadrates «verbiegen», ohne die Seitenlängen zu verändern, das wird dann «Rhombus», oder auch «Raute» genannt. Die beiden Diagonalen sind jetzt nicht mehr gleich lang, aber sie stehen noch senkrecht aufeinander und halbieren sich. Wir werden zwei verschiedenen Rhomben begegnen: solchen, deren Diagonalen sich wie $1 : \sqrt{2}$ verhalten (Abb. 9 d), und spitzeren, deren Diagonalen im goldenen Schnitt stehen (Abb. 9 e). Rhomben erhält man auch durch Verbinden der benachbarten Seitenmitten eines Rechtecks.

Beim «Deltoid», auch «Drachenfigur» genannt, sind nebeneinanderliegende Seiten paarweise gleich lang, nur eine Diagonale wird von der anderen halbiert, sie stehen senkrecht aufeinander (Abb. 9 f).

Im **regelmäßigen Fünfeck** bilden die fünf Diagonalen etwas ganz Besonderes: das «Pentagramm» (Abb. 10 a). Diese Figur ist das geheime Zeichen für den Menschen. Das Dodekaeder ist von zwölf solchen regelmäßigen Fünfecken aufgebaut, und deren Diagonalen bilden zwölf

Abb. 10: Diagonalen im Fünfeck und das Pentagramm

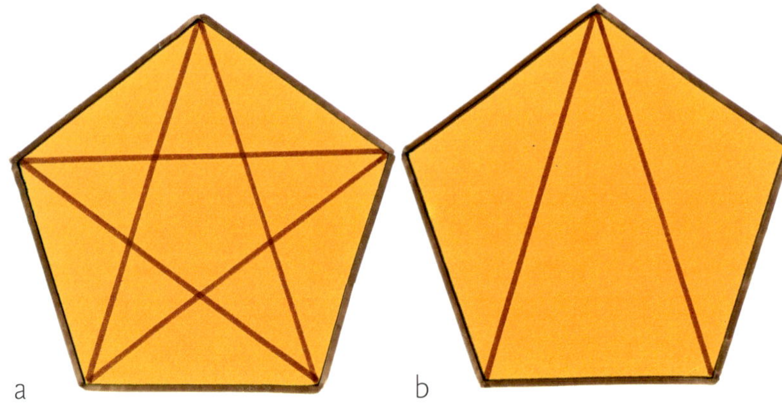

Pentagramme. Daher spricht man auch vom «Pentagon-Dodekaeder». Man kann das Pentagramm auch als ein regelmäßiges Fünfeck auffassen, dessen verlängerte Kanten sich überschneiden.

Durch zwei von einer Ecke ausgehende Diagonalen wird das Fünfeck in drei Dreiecke geteilt. Dies sind drei goldene Dreiecke, zwei stumpfe und ein spitzes dazwischen (Abb. 10 b).

Wer Dodekaeder bauen will, braucht ein regelmäßiges Fünfeck. Abb. 11 zeigt eine Konstruktion: 1. Einen Kreis in vier Teile teilen, Mitte P von einem Radius nehmen. 2. PC von P aus auf AB gibt T. 3. CT von C aus auf den Kreis gibt D, CD ist eine Seite des Fünfecks, der Ausgangskreis sein Umkreis.

Abb. 11: Konstruktion des Fünfecks

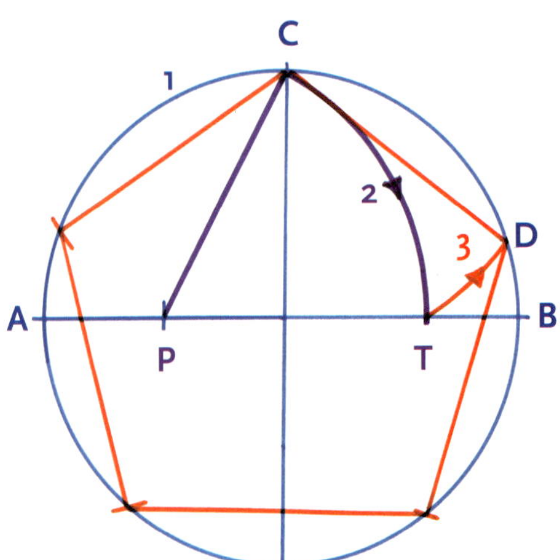

Zum Zeichnen eines Fünfecks mit vorgegebener Kantenlänge ist die Kenntnis vom dazugehörigen Umkreisradius R von Vorteil:

$$R = \frac{2a}{\sqrt{2(5-\sqrt{5})}} \qquad \text{Gerundet: } R = a \cdot 0{,}85$$

Dieses Ergebnis erhält man nach zweimaliger Anwendung des Satzes von Pythagoras in der obigen Zeichnung.

Es gibt **verschiedene Sechsecke**. Außer dem regelmäßigen Sechseck (Abb. 12 a) gibt es auch solche, deren Seitenlängen im goldenen Schnitt alternieren und die 120°-Winkel beibehalten. Wir wollen sie «goldene Sechsecke» nennen (Abb. 12 b).

Man konstruiert ein goldenes Sechseck, indem man die Seiten in einem gleichseitigen Dreieck von beiden Eckpunkten her im goldenen Schnitt teilt und dann die Teilpunkte miteinander verbindet.

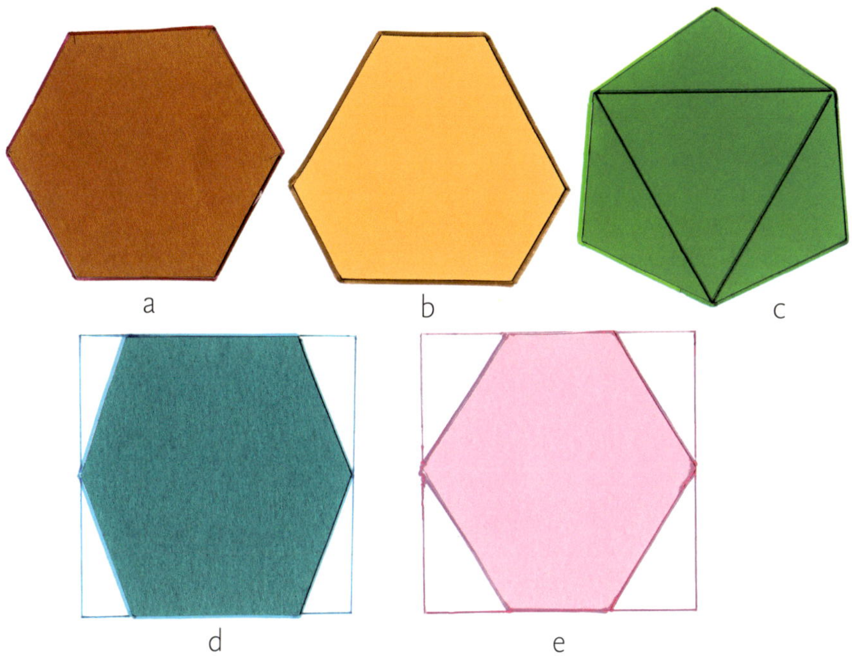

Abb. 12: Besondere Sechsecke

Legen wir an ein gleichseitiges Dreieck drei stumpfe goldene Dreiecke an, bekommen wir ein Sechseck mit lauter gleich langen Seiten, deren Winkel aber alternieren. Keine der Seiten ist mehr parallel. Wir wollen dieses Sechseck ein «golden-harmonisches Sechseck» nennen (Abb. 12 c). Wenn die angelegten Dreiecke zwar gleichschenklig, aber nicht goldene sind, nennen wir das Ergebnis nur ein harmonisches Sechseck.

Ein golden-harmonisches Sechseck entsteht auch durch die Verbindung der Kantenmitten eines goldenen Sechsecks.

Wenn Sechsecke so breit wie hoch sind, passen sie in Quadrate hinein. Für unsere Betrachtungen kommen zwei infrage, die im Zusammenhang mit dem goldenen Schnitt stehen. Abb. 12 d zeigt ein Sechseck, von dem zwei gegenüberliegende Kanten der Major von der umschließenden Quadratseite sind. In Abb. 12 e sind zwei gegenüberliegende Kanten der Minor von der umschließenden Quadratseite.

Damit sind wir auf das Abenteuer vorbereitet, die platonischen Körper näher kennenzulernen. Man kann sich zunächst durchblätternd an den bunten Gebilden freuen, dann aber auch die im Text erläuterten Zusammenhänge nachvollziehen, was vielleicht erst nach mehreren Versuchen gelingen wird. Geduld ist also angebracht. Eine gute Vorbereitung dazu ist es, die platonischen Körper nachzubauen.

Beim Betrachten der platonischen Körper werden wir besonderen geometrischen Flächenformen begegnen. Dies sind die beiden goldenen Dreiecke, das Rechteck im DIN-Format und das goldene Rechteck, verschiedene Rhomben, das Deltoid und das goldene sowie das harmonische Sechseck.

Platonische Körper bauen

Die platonischen Körper können mit verschiedenen Materialien realisiert werden, z.B. aus Ton, Holz oder Kunststoffen, sie werden sogar aus Bergkristallen geschliffen angeboten. Kantenmodelle (diese Modelle zeigen nur die *Kanten* des jeweiligen Körpers) werden oft aus Gras- oder Strohhalmen gebastelt. In diesem Buch wird dagegen der Bau der platonischen Körper und ihrer vielfältigen Variationen als vollflächige Gebilde beschrieben; ihre Oberflächen werden hier mit Papier bzw. Karton realisiert.

Die Größen der Körper sind hier so gehalten, dass sie – in der Reihenfolge der Abbildungen 1 und 2 – ineinanderpassen. Dazu haben diese Körper Deckel (Abb. 13). Die fünf so zusammengesteckten platonischen Körper nennen wir eine «Schachtelung». Die platonischen Körper haben nämlich die besondere Eigenart, dass in jeden platonischen Körper die vier anderen in jeweils einer geometrisch eindeutig bestimmten

Auf S. 170 ff. findet man Kopiervorlagen der platonischen Körper zum Ausschneiden.

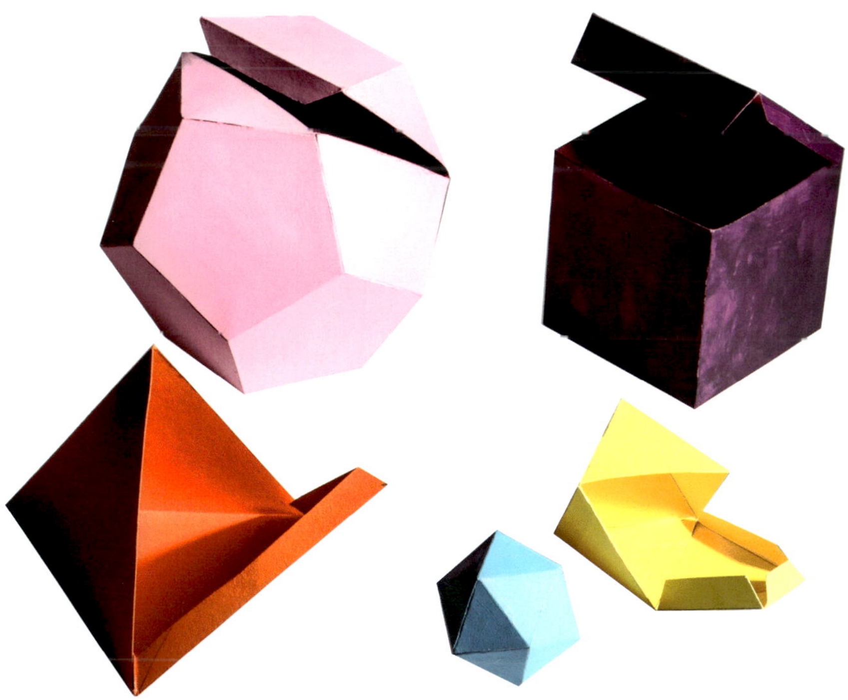

Abb. 13: Die fünf ineinandersteckbaren platonischen Körper

Weise hineinpassen. Folglich kann man die Modelle, wenn sie die entsprechenden Größen haben und mit aufklappbaren Deckeln versehen sind, ineinander verschachteln – ähnlich wie die «russischen Puppen». Beim Auspacken staunt dann jeder Zuschauer.

Man kann zum Bau der platonischen Körper Papier in einer normalen Stärke nehmen; allerdings ist das ein relativ dünnes, wenig stabiles Material. Besser ist es, Karton zu verwenden. Es ist daher empfehlenswert, die Ausschneidebögen des Anhangs auf **Fotokarton** (300 g/m²) zu kopieren oder, falls Ihr Kopierer keinen so starken Karton annimmt, in den eingekreisten Punkten mit einer Zirkelspitze zu durchstechen. Die Laschen brauchen nicht durchstochen zu werden, das Augenmaß genügt beim Ausschneiden (ca. 1 cm breit). Fotokarton gibt es in allen Papiergeschäften in vielen Farben. Helle Farbtöne sind für unser Vorhaben günstiger, weil man darauf die Bleistiftzeichnungen besser sieht.

Man schneidet mit einer **Schere** an den ausgezogenen Strichen entlang. Gestrichelte Linien werden geritzt; dafür benötigen wir ein **spitzes Messer** (zur Not geht auch die Schere) und ein **Lineal**. Punktierte Laschen werden mit einem normalen **Papierkleber** innen angeklebt.

Wir beginnen mit dem Bau des bekanntesten Vertreters der platonischen Körper, dem **Würfel**. Seine Oberfläche besteht aus sechs Quadraten. Wir schneiden die zwei Drei-Quadrat-Streifen vom Anhang (S. 171) aus, einer davon hat die zum Zusammenkleben nötigen Laschen, und ritzen die gestrichelten Knickkanten an. Eine Seite des Würfels wird der aufklappbare Deckel, der auch eine Lasche hat (Abb. 13). Die Laschen am Deckel dürfen nicht mit Klebstoff bestrichen werden, nur die schraffierten Laschen. Dies gilt auch für die noch folgenden vier platonischen Körper.

Natürlich hätten wir den Würfel auch aus *einem* zusammenhängenden Netz herstellen können. Es ist aber interessant zu erleben, wie der Würfel aus zwei gleichen Dreierreihen von Quadraten entstehen kann. Diese liegen ineinander wie zwei sich gegebene Hände – eine schöne Geste. Außerdem wird bei den zwei Streifen sparsamer mit dem Papier umgegangen.

Es folgt das **Tetraeder** mit seinen vier gleichseitigen Dreiecken. Die Kantenlänge ist die Flächendiagonale des Würfels. Diese theoretische Kantenlänge muss in der Praxis wegen der Dicke des Kartons etwas verkürzt werden. Die Korrektur ist an den Ausschneidebögen hier und bei allen weiteren Körpern bereits vorgenommen. Der Bau ist einfach. Das Netz besteht aus vier aneinanderliegenden gleichseitigen Dreiecken. An den Deckel denken! Das Tetraeder passt *mit einer Kante voraus* in den Würfel hinein.

Die Kanten des **Oktaeders** sind halb so lang wie die des Tetraeders. Diesen Körper setzen wir aus zwei gleichen, vierseitigen Pyramiden zusammen. Der aufklappbare Deckel muss diesmal aus zwei Dreiecksflächen bestehen, die zusammenhängen oder auch getrennt sein können (Abb. 13). Das Oktaeder liegt beim Einlegen in das Tetraeder mit jeder zweiten Fläche in einer Tetraederfläche, seine Ecken liegen in den Kantenmitten des Tetraeders.

Es folgt der innerste Körper, das **Ikosaeder,** aus zwanzig gleichseitigen Dreiecken. Für diesen kleinen Körper eignet sich der Karton nicht, wir bauen ihn aus Papier. Wir setzen ihn aus drei Teilen zusammen. Der mittlere Teil besteht aus zehn gleichseitigen Dreiecken in einer Reihe. Wir kleben sie zu einem Ring zusammen. Der zweite und dritte Teil sind gleiche fünfseitige Pyramiden. Diese beiden «Hüte» kleben wir auf die Laschen des Ringes. Als innerster Kern braucht das Ikosaeder keinen aufklappbaren Deckel. Acht von den zwanzig Ikosaederflächen liegen in den Oktaederflächen, aber so verdreht, dass die Ikosaederecken die Oktaederkanten im goldenen Schnitt teilen (Abb. 14). Jetzt können wir bereits vier Körper ineinanderstecken.

Abb. 14: Die Lage eines Ikosaederdreiecks im Oktaederdreieck

Es fehlt nur noch die Umhüllung des Würfels durch den letzten und schönsten Körper, das **Dodekaeder**. Eine Diagonale der Dodekaeder-Fünfecksfläche hat gerade die Länge einer Würfelkante. Die Diagonalen und die Kantenlängen der Fünfecke stehen zueinander im goldenen Schnitt. Jede Dodekaederfläche hat fünf Diagonalen, die das bekannte Pentagramm bilden (Abb. 10). Die Diagonalen teilen sich im Pentagramm selbst noch einmal im goldenen Schnitt. Das Dodekaeder ist der einzige platonische Körper, der mit den Pentagrammen ein interessantes Flächen-Diagonalen-Gefüge hat. Man kann die Dodekaederflächen mit seinen Pentagrammen versehen. Es ist zweckmäßig, dies vor dem Zusammenbau auszuführen.

Der Bau des Dodekaeders beginnt mit den sechs Fünfecken des 1. Ausschneidebogens (S. 174). Wir kleben sie nach dem Ausschneiden so zusammen, dass fünf von ihnen sich «die Hände gebend» nach außen gelehnt um das als Basis am Boden liegende sechste Fünfeck herum stehen (Abb. 15). Sie bilden als untere Hälfte des Dodekaeders eine «Schale».

Die obere Hälfte des Dodekaeders ist zur unteren identisch, aber sie muss die quadratische Öffnung für den Würfel mit einem «Walmdach» als Deckel enthalten. Dazu eignen sich die Teile des 2. Ausschneidebogens (S. 175). Eine Fünfeckdiagonale wird zum Deckelscharnier.

Das größte Teil in der Mitte des 2. Dodekaeder-Bogens ist der Deckel. Wir

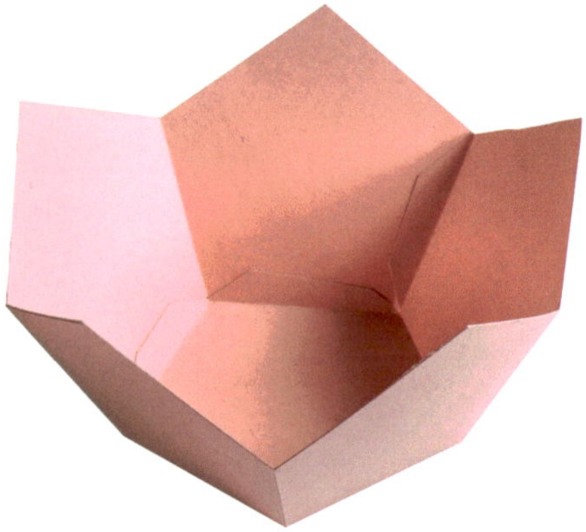

Abb. 15: Die Schale aus sechs Fünfecken

schneiden ihn aus und kleben ihn zu einem Walmdach zusammen. Die Diagonale des *ganzen* Fünfecks ist das Scharnier für den Deckel. Das stumpfe goldene Dreieck dieses Fünfecks wird an den Rand der Schale geklebt. Gegenüber dem Deckel werden die zwei zusammenhängenden Fünfecke an die Schale geklebt. Zuletzt werden noch das stumpfe goldene Dreieck und die beide Vierecke an den Rand der Schale geklebt.

Jetzt kann man den Würfel mit den drei anderen platonischen Körpern darin im Dodekaeder versenken und den Deckel schließen. Wir haben eine Schachtelung, eine «russische Puppe für Erwachsene» gebaut. Wohin damit? Man kann sie dekorativ ins Bücherregal stellen oder ein Mobile daraus machen und es aufhängen.

Um in die Schachtelung hineinsehen zu können, kann man den Körpern Fenster geben. Das geschieht am einfachsten durch Entfernen der Deckel. So haben wir einen freien Blick bis zum Ikosaeder ganz innen und können die gegenseitigen Lagen gut studieren (Abb. 16).

Wer den Würfel, das Tetraeder, Oktaeder, Ikosaeder und Dodekaeder für die Schachtelung, wie hier beschrieben, nach dem Vordruck gebaut hat, der hat so viel Erfahrung gesammelt, dass er die platonischen Körper und alle noch kommenden Variationen selbstständig konstruieren kann. Beim Bauen der vielfältigen weiteren geometrischen Gebilde lässt man natürlich die Konstruktion der Deckel weg; diese haben wir nur für die Schachtelung gebraucht.

Die gleichseitigen Dreiecke für Tetraeder, Oktaeder und Ikosaeder und das Quadrat für den Würfel sind mit dem **Zirkel** bzw. dem **Geodreieck** leicht zu zeichnen. Wie man ein Fünfeck für das Dodekaeder konstruiert, wird auf Seite 18 gezeigt. Als Material für alle nachfolgend beschriebenen Varianten und Metamorphosen der regelmäßigen Körper eignet sich der schon genannte **Fotokarton**.

Nach meiner Erfahrung baut man am besten so, wie es nach dem Vordruck (S. 170 ff.) geschah: das Tetraeder aus einer Reihe von vier Dreiecken, den Würfel aus zwei Streifen von drei Quadraten, das Oktaeder aus zwei vierseitigen Pyramiden, das Ikosaeder aus drei Teilen, einem Gürtel aus zehn Dreiecken und zwei Pyramiden aus je fünf Dreiecken. Das Dodekaeder baue ich am liebsten aus sechs Fünfeckspaaren, wie sie auf den Ausschneidebögen des Dodekaeders auch zu sehen sind.

Um schöne Körper zu erhalten, muss genau gezeichnet, geschnitten und

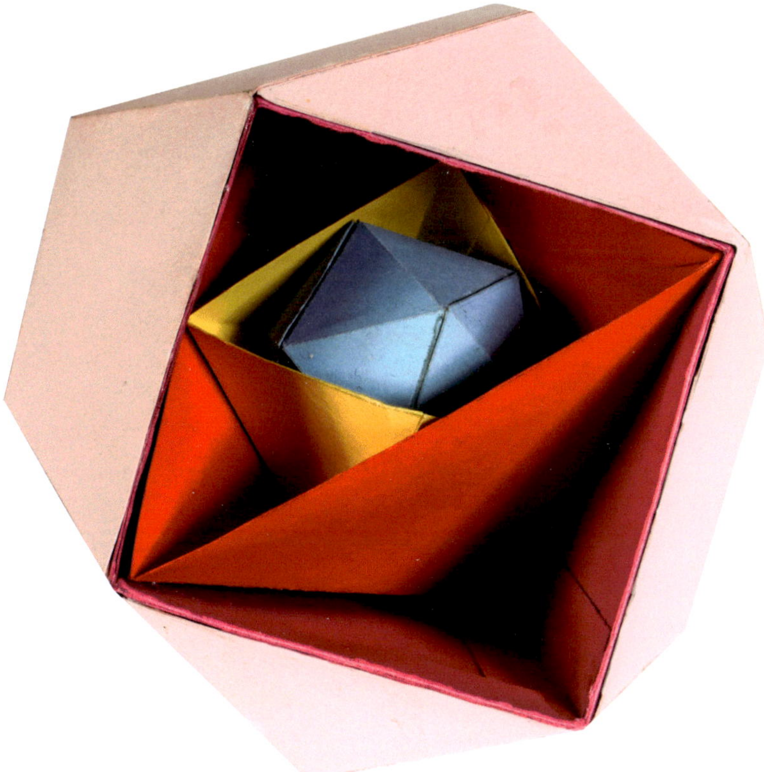

Abb. 16: Die «Schachtelung» mit Fenstern

geklebt werden. Zum Schluss können überstehende Kanten mit einer Nagelschere abgeschnitten werden.

Zum nachträglichen Färben der gebauten Körper eignet sich Acrylfarbe. Sie deckt gut und trocknet schnell. Pinsel können mit Wasser und Seife leicht gereinigt werden.

Die fünf platonischen Körper lassen sich ineinanderfügen. In der hier verwendeten Reihenfolge Dodekaeder – Würfel – Tetraeder – Oktaeder – Ikosaeder nennen wir sie «Schachtelung».

Symmetrien in der Schachtelung

Die Schachtelung beherbergt eine Menge von geometrischen Symmetrien, die nachfolgend aufgezeigt werden. Der Leser, der die fünf platonischen Körper gebaut hat, kann sie in der Reihenfolge der Schachtelung vor sich auf den Tisch stellen. Wer die Körper noch nicht gebaut hat, kann die Abbildungen 1 und 2 zu Hilfe nehmen.

In der Schachtelung sind die «männlichen» Körper (Dodekaeder und Würfel) die äußeren, sie «behüten» die innenliegenden «weiblichen» Körper (Oktaeder und Ikosaeder). In der Mitte steht verbindend das neutrale Tetraeder.

Wie bei der Definition der platonischen Körper werden wir die Flächen und die Ecken als gleichberechtigt behandeln. So wie die Flächen drei, vier oder fünf Ecken haben, also drei-, vier- oder fünfeckig sind, haben die Ecken drei, vier oder fünf Flächen, sie sind also drei-, vier-, oder fünfflächig.

Die äußeren drei Körper (Dodekaeder, Würfel, Tetraeder) haben dreiflächige Ecken. Die drei inneren platonischen Körper (Tetraeder, Oktaeder, Ikosaeder) haben dreieckige Flächen. Das Tetraeder vermittelt, es besitzt sowohl dreieckige Flächen als auch dreiflächige Ecken.

Die äußeren drei Körper sind in der Schachtelung durch Ecken verbunden, die inneren drei Körper durch Flächen. Das Tetraeder hält sich selbst außen mit seinen Ecken in Würfelecken fest und lässt innen die Oktaederflächen auf seinen Flächen ruhen.

Der äußerste Körper, das Dodekaeder, hat zwölf fünfeckige Flächen. Der innerste Körper, das Ikosaeder, hat zwölf fünfflächige Ecken. Das Dodekaeder außen hat zwanzig dreiflächige Ecken. Das Ikosaeder innen hat zwanzig dreieckige Flächen. Beide Körper haben dreißig Kanten.

Der zweite Körper von außen, der Würfel, hat sechs viereckige Flächen. Der zweite Körper von innen, das Oktaeder, hat sechs vierflächige Ecken. Der Würfel hat acht dreiflächige Ecken, das Oktaeder hat acht dreieckige Flächen. Beide Körper haben zwölf Kanten. Der mittlere Körper, das Tetraeder, hat vier dreieckige Flächen und vier dreiflächige Ecken sowie sechs Kanten.

Das Dodekaeder mit den meisten Ecken von allen platonischen Körpern (zwanzig) ist außen und das Ikosaeder mit den meisten Flächen von allen platonischen Körpern (zwanzig) ist innen. Das Tetraeder in der Mitte hat die wenigsten Flächen und Ecken (jeweils vier) von allen platonischen Körpern.

Zwischen den beiden äußeren Körpern, Dodekaeder und Würfel, vermittelt der goldene Schnitt das Verhältnis der beiden Kantenlängen. Zwischen den beiden inneren Körpern, Ikosaeder und Oktaeder, vermittelt der goldene Schnitt, indem die Ecken des Ikosaeders die Oktaederkanten im goldenen Schnitt teilen. Mit dem Tetraeder in der Mitte ist kein goldener Schnitt verbunden.

Wir haben bemerkt, dass zwischen dem Dodekaeder und dem Ikosaeder sowie zwischen dem Würfel und dem Oktaeder eine gewisse symmetrische Zahlenverwandtschaft besteht. Sie wird «Polarität» genannt und soll im nächsten Kapitel näher betrachtet werden.

Die platonischen Körper werden gewöhnlich nicht in der oben gezeigten Weise angeordnet, sondern – wie schon zur griechischen Zeit – mit steigender Flächenzahl: das Tetraeder mit vier Flächen, der Würfel mit sechs Flächen, das Oktaeder mit acht Flächen, das Dodekaeder mit zwölf Flächen, das Ikosaeder mit zwanzig Flächen.

Die platonischen Körper können mit dem gleichen Recht auch nach der steigenden Eckenzahl geordnet werden: das Tetraeder mit vier Ecken, das Oktaeder mit sechs Ecken, der Würfel mit acht Ecken, das Ikosaeder mit zwölf Ecken, das Dodekaeder mit zwanzig Ecken.

Wenn wir uns «gerecht» verhalten, werden wir die Flächen und die Ecken der Polyeder als gleichberechtigt betrachten. Damit stehen wir beim Einordnen der platonischen Körper vor einem unlösbaren Problem, denn wir werden weder die Flächen noch die Ecken bevorzugen oder benachteiligen wollen. Der Versuch, nach steigender Kantenzahl zu ordnen, führt uns zu einem neuen Problem, weil Würfel und Oktaeder sowie Dodekaeder und Ikosaeder gleich viele Kanten haben. Es bietet sich die hier verwendete Ordnung mit ihren mannigfachen Symmetrien an.

In der Schachtelung herrschen polare Symmetrien zwischen innen und außen.

Polaritäten der platonischen Körper

Beim Betrachten der Symmetrien in der Schachtelung haben wir ein neues Ordnungsprinzip entdeckt: Der Würfel hat so viele Flächen, wie das Oktaeder Ecken hat und umgekehrt. Die Zähligkeiten bleiben dabei gleich. Man sagt, Würfel und Oktaeder seien polar (oder dual) zueinander. Gleiches kann man auch von dem Paar Dodekaeder und Ikosaeder sagen. Das Tetraeder ist zu sich selbst polar. Die Anzahl der Kanten ist bei polaren Körpern gleich.

Außen und innen sind ebenfalls polare Begriffe. Die Gleichwertigkeit von Fläche und Ecke offenbart sich: Bei Vertauschung, ohne die zugehörigen Zahlen zu verändern, wird aus einem platonischen Körper ein anderer platonischer, der polare Körper.

Die Symmetrien in unserer Schachtelung können wir also abkürzen: Polarität besteht zwischen dem äußersten und dem innersten Körper sowie zwischen dem zweiten von außen und dem zweiten von innen. Die Mitte ist zu sich selbst polar.

Eine **Tabelle** als Übersicht

Name	**Flächen**	**Ecken**	**Kanten**	**Farbe**
Dodekaeder	12 fünfeckige	20 dreiflächige	30	magenta
Würfel	6 viereckige	8 dreiflächige	12	lila
Tetraeder	4 dreieckige	4 dreiflächige	6	rot
Oktaeder	8 dreieckige	6 vierflächige	12	gelb
Ikosaeder	20 dreieckige	12 fünfflächige	30	türkis

Das Produkt aus der Anzahl von Flächen und Ecken ist beim Dodekaeder und Ikosaeder 240 (12 · 20 bzw. 20 · 12), beim Würfel und Oktaeder 48 (6 · 8 bzw. 8 · 6), beim Tetraeder 16 (4 · 4).

Die Kanten sind immer zweieckig, denn sie haben Anfang und Ende. Sie sind außerdem immer zweiflächig, denn die Kanten entstehen durch das Zusammenstoßen zweier Flächen.

«Polarisieren» heißt vertauschen: Aus einer drei, vier- oder fünfeckigen Fläche wird eine drei, vier- oder fünfflächige Ecke und umgekehrt. Aus einem Würfel wird ein Oktaeder, aus einem Dodekaeder ein Ikosaeder und umgekehrt. Aus innen wird außen und umgekehrt. Kanten bleiben Kanten, und Tetraeder werden wieder Tetraeder.

Wir wollen das Polarisieren übend an unserer Schachtelung ausprobieren. Es gilt der Satz: Vier der acht Oktaederflächen liegen in den Tetraederflächen. Polarisiert kommen wir zur Aussage: Vier der acht Würfelecken liegen auf den Tetraederecken. Die Bestätigung finden wir in der Schachtelung.

Ein zweiter Versuch: Die acht Würfelecken liegen in acht der zwanzig Dodekaederecken. Polarisiert: Die acht Oktaederflächen liegen auf acht der zwanzig Ikosaederflächen. Stimmt ebenfalls.

Wenn wir die ganze Schachtelung polarisieren, bekommen wir die gleiche Reihenfolge wieder. Aus dem Dodekaeder mit dem Würfel darin wird ein Ikosaeder mit einem Oktaeder herum, aus der äußeren Situation wird also die innere. Aus dem Würfel mit dem Tetraeder innen wird polar das Oktaeder mit dem Tetraeder herum. Die ganze Schachtelung ist also zu sich selbst polar.

Einer Überraschung begegnen wir, wenn wir die folgende Polarität in der Schachtelung betrachten: Die sechs Oktaederecken sind die sechs Kantenmittelpunkte des umhüllenden Tetraeders. Polarisiert: Die sechs Würfelflächen sind die sechs Kantenmittelflächen des eingeschlossenen Tetraeders.

Polar zu Kantenmittelpunkten gibt es also «Kantenmittelflächen». In der Schachtelung sind diese realisiert durch die Würfelflächen. Es handelt sich um Flächen, die in einer Kante liegen und zu den beiden die Kante bildenden Flächen die gleichen Winkel haben (Abb. 17 oben). Die Bezeichnung «Kantenmittelfläche» als polares Gebilde zum Kantenmittelpunkt ist nicht üblich. Wir werden im Folgenden diesen neuen Begriff bei Gelegenheit verwenden.

Wir nehmen das Tetraeder aus unserer Schachtelung heraus und setzen das Oktaeder so in den Würfel, wie es im Tetraeder stand. Wir stellen fest: Die Oktaederecken sind zugleich die Mittelpunkte der Würfelflächen. Polarisiert: Die Würfelflächen sind zugleich die Mittelflächen der Oktaederecken. In dieser Kombination können die Würfelflächen die «Eckenmittelflächen» des Oktaeders genannt werden. Die Winkel zwischen den Flächen und Kanten des Oktaeders und der neu benannten Fläche sind alle gleich groß (Abb. 17 unten). Auch diesen neuen Begriff «Eckenmittelfläche» werden wir bei Gelegenheit verwenden und auf diese Weise unseren Wortschatz ein zweites Mal erweitern.

Was wir am Beispiel Tetraeder–Würfel und Oktaeder–Würfel gezeigt haben (Abb. 13), hat für alle Kanten und Ecken aller platonischen Kör-

Abb. 17: Kantenmittelfläche und Eckenmittelfläche

Es gibt in der Familie der platonischen Körper verwandtschaftliche Beziehungen, die wir «Polarität» nennen. Zwei Körper sind zueinander polar, wenn der eine so viele Ecken hat wie der andere Flächen und umgekehrt. Die miteinander verglichenen Flächen und Ecken sind dabei gleichzählig. Die Anzahl der Kanten ist bei beiden Körpern gleich. Würfel und Oktaeder sind polar zueinander, ebenso Dodekaeder und Ikosaeder; das Tetraeder ist zu sich selbst polar.
Das Polarisieren erweist sich als fruchtbar: Es ergeben sich die neuen Begriffe «Kantenmittelfläche» und «Eckenmittelfläche».

per Gültigkeit: Alle Kanten von allen platonischen Körpern haben nicht nur Mittelpunkte, man kann ihnen auch Mittelflächen aufsetzen. Ebenso kann man den Ecken von allen platonischen Körpern Mittelflächen geben.

Auffallend ist der deutlich lockerere Zusammenhang der Kantenmittelflächen bzw. Eckenmittelflächen mit den Körpern. Sie hängen nur noch mit einer Kante bzw. mit einer Ecke zusammen und befinden sich sonst in der Umgebung des Mutterkörpers.

Eine Formel

Aus der Tabelle von Seite 28 ist zu entnehmen, dass bei jedem platonischen Körper die Zahl der Flächen und der Ecken zusammengezählt und um die Anzahl der Kanten vermindert immer 2 ergibt. Es gilt also die Formel

$$\mathbf{f + e - k = 2},$$

wobei f die Anzahl der Flächen, e die Anzahl der Ecken und k die Anzahl der Kanten bedeuten. Sie wird nach dem Finder Leonhard Euler (1707–1783) der «Euler-Satz» genannt. Diese einfache Beziehung gilt auch für alle anderen Polyeder (Vielflächner), die wir noch kennenlernen werden. Ausgenommen sind diejenigen, die einspringende Kanten und Ecken haben. In Worten: Die Summe der Anzahl der Flächen und Ecken eines konvexen Polyeders vermindert um die Anzahl der Kanten ergibt immer die Zahl zwei.

Außerdem kann bemerkt werden, dass unter den gleichen Bedingungen die Formel

$$\mathbf{w = 2\,k}$$

gilt, wobei w für die Anzahl der Winkel auf allen Flächen zusammen steht und k wieder für die Anzahl der Kanten.

Die Euler-Formel stellt den zahlenmäßigen Zusammenhang zwischen den Anzahlen von Flächen, Ecken und Kanten konvexer Polyeder dar: $f + e - k = 2$.

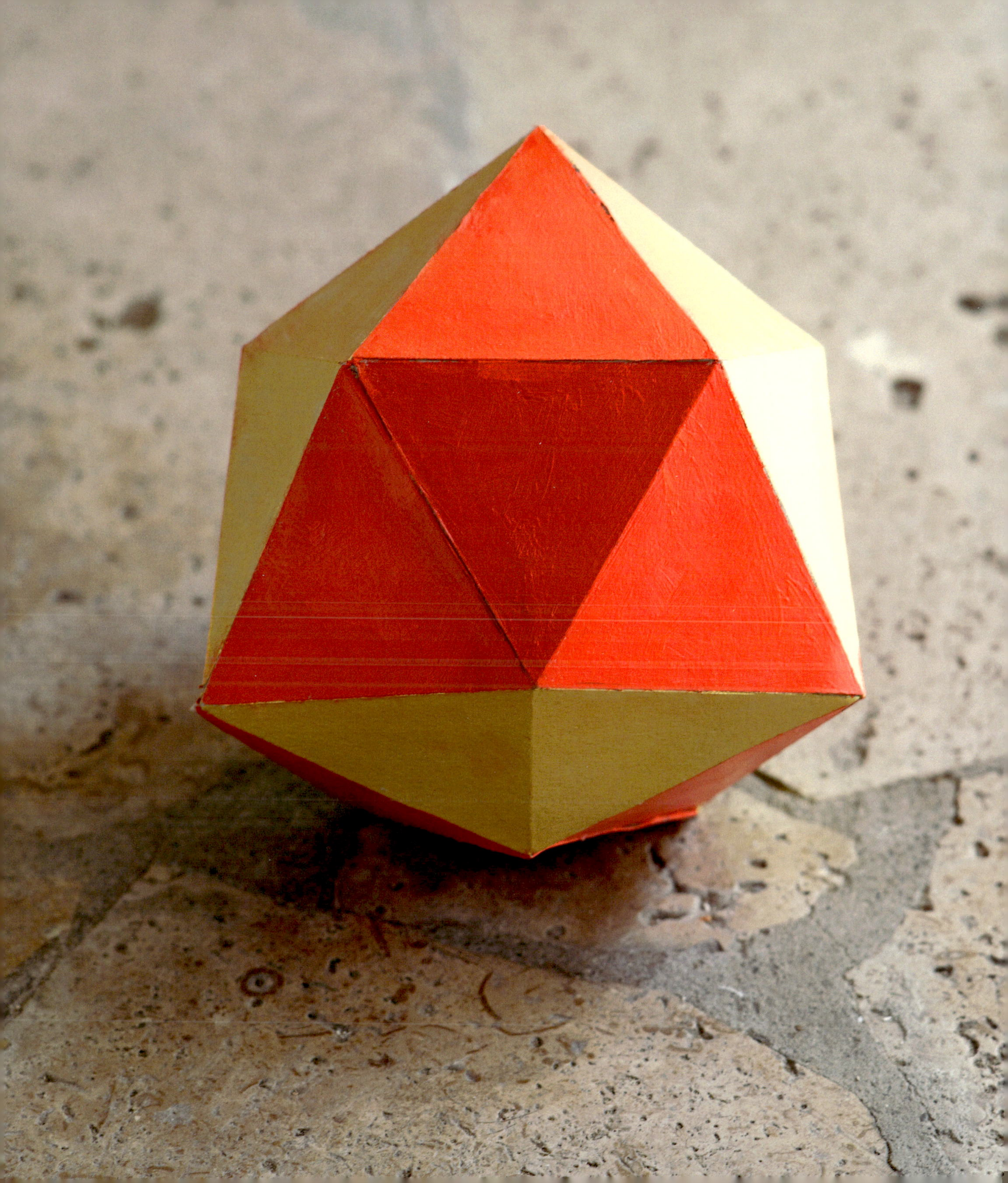

Die platonischen Körper und die Kugel

Nachdem die platonischen Körper die Bedingungen der Gleichmäßigkeit (gleiche, regelmäßige Flächen und gleiche, regelmäßige Ecken) erfüllen, kann man vermuten, dass zur Kugelform innige Beziehungen bestehen. Das ist tatsächlich der Fall: Jeder der fünf platonischen Körper passt in eine Kugel, die er von innen mit allen seinen Ecken berührt. Diese Kugeln nennt man die «Umkugeln» (Abb. 18). Die Körper befinden sich vollständig in ihren Umkugeln.

Abb. 18: Umkugeln

Es passt umgekehrt in jeden der fünf platonischen Körper eine Kugel hinein, die deren Flächen von innen her in ihren Mitten berührt. Man nennt sie die «Inkugeln» (Abb. 19). Die platonischen Körper schließen ihre Inkugeln vollständig in sich ein.

Abb. 19: Inkugeln

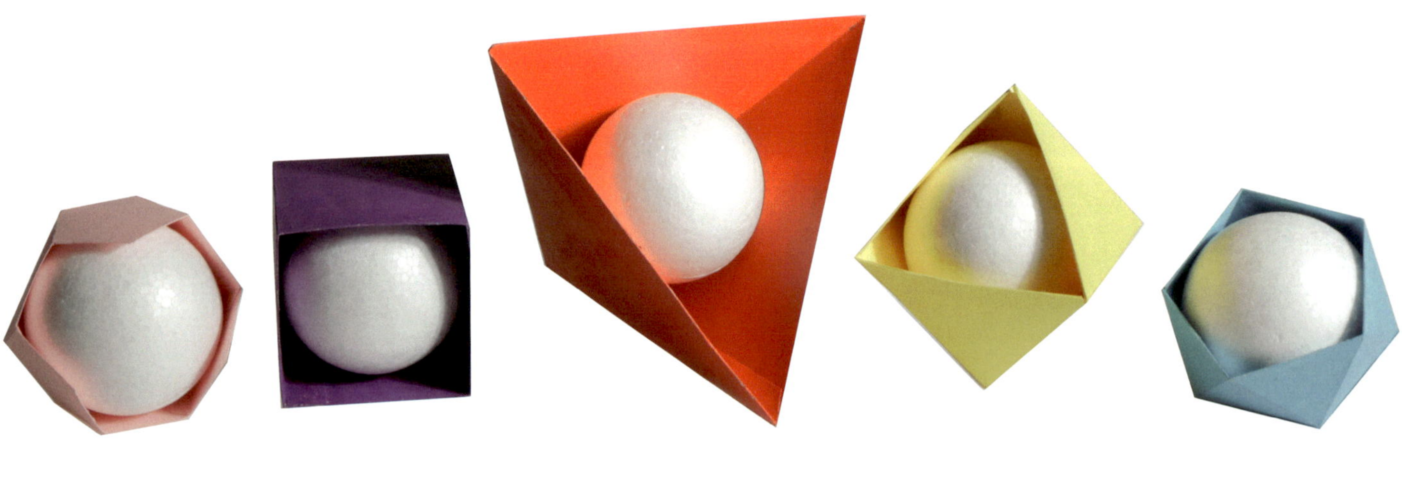

Schließlich lässt sich in jeden der fünf platonischen Körper auch eine Kugel setzen, die sämtliche Kanten in ihren Mitten trifft. Man nennt sie die «Kantenmitten-Kugeln» oder einfach die «Kantenkugeln». Die Körper sind zum Teil innerhalb und zum Teil außerhalb ihrer Kantenkugeln (Abb. 20).

Beim Betrachten der platonischen Körper mit ihren Kantenkugeln wird man mit Erstaunen gewahr, wie wenig das Dodekaeder von der Kugelform abweicht. Das Tetraeder mit seinen spitzen Ecken wehrt sich am deutlichsten gegen die Kugelform.

	Umkugel	Kantenkugel	Inkugel	Volumen
Würfel	$R = \frac{a}{2}\sqrt{3}$ $R \approx a \cdot 0{,}87$	$\rho = \frac{a}{2}\sqrt{2}$ $\rho \approx a \cdot 0{,}71$	$r = \frac{a}{2}$ $r = a \cdot 0{,}5$	$V = a^3$
Tetraeder	$R = \frac{a}{4}\sqrt{6}$ $R \approx a \cdot 0{,}61$	$\rho = \frac{a}{4}\sqrt{2}$ $\rho \approx a \cdot 0{,}35$	$r = \frac{a}{12}\sqrt{6}$ $r \approx a \cdot 0{,}20$	$V = \frac{a^3}{12}\sqrt{2}$ $V \approx a^3 \cdot 0{,}12$
Oktaeder	$R = \frac{a}{2}\sqrt{2}$ $R \approx a \cdot 0{,}71$	$\rho = \frac{a}{2}$ $\rho \approx a \cdot 0{,}5$	$r = \frac{a}{6}\sqrt{6}$ $r \approx a \cdot 0{,}41$	$V = \frac{a^3}{3}\sqrt{2}$ $V \approx a^3 \cdot 0{,}47$
Ikosaeder	$R = \frac{a}{4}\sqrt{2(\sqrt{5}+5)}$ $R \approx a \cdot 0{,}95$	$\rho = \frac{a}{4}(\sqrt{5}+1)$ $\rho \approx a \cdot 0{,}81$	$r = \frac{a}{12}\sqrt{3}(\sqrt{5}+3)$ $r \approx a \cdot 0{,}78$	$V = \frac{5a^3}{12}(3+\sqrt{5})$ $V \approx a^3 \cdot 2{,}18$
Dodekaeder	$R = \frac{a}{4}\sqrt{3}(\sqrt{5}+1)$ $R \approx a \cdot 1{,}40$	$\rho = \frac{a}{4}(\sqrt{5}+3)$ $\rho \approx a \cdot 1{,}31$	$r = \frac{a}{20}\sqrt{250+110\sqrt{5}}$ $r \approx a \cdot 1{,}11$	$V = \frac{a^3}{4}(15+7\sqrt{5})$ $V \approx a^3 \cdot 7{,}66$

Abb. 20: Kantenkugeln

Alle diese mit der Kugel zusammenhängenden Modelle können leicht gebaut werden. Kugeln – durchsichtig bzw. aus Styropor – gibt es in Bastelgeschäften. Die zur Berechnung der Größen nötigen Formeln finden sich nachstehend.

Die Formeln für die Radien der Kugeln bei bekannter Kantenlänge a.

R = Radius der Umkugel
r = Radius der Inkugel
ρ = Radius der Kantenkugel

Alle platonischen Körper haben eine Umkugel, eine Inkugel und eine Kantenkugel.

Bauen mit mehreren platonischen Körpern

Ähnlich wie mit Bauklötzen kann man auch mit den platonischen Körpern bauen. Voraussetzung ist, dass eine genügende Menge gleicher Größe zur Verfügung steht. Dies dürfte beispielsweise Lehrer interessieren, die mit ihren Klassen platonische Körper gebaut haben.

Würfel passen lückenlos mit den Flächen zusammen und bilden dabei Quader (Abb. 21 a). Dieses Zusammenfügen von Würfeln kann auf einer ebenen Unterlage in allen Richtungen ausgebreitet werden.

Auf vier Würfel noch einmal vier Würfel gesetzt ergibt einen Würfel mit doppelter Kantenlänge, vierfacher Oberfläche und achtfachem Volumen (Abb. 21 b).

Mehrere Würfel lassen sich zu einem stabilen Turm stapeln (Abb. 21 c).

Falls auch Klebstoff beim Bauen verwendet wird, kann durch Bestücken jeder Würfelseite mit einem gleich großen Würfel ein Doppelkreuz entstehen (Abb. 21 d). Wenn Kante an Kante gefügt wird, ist der innere Würfel überflüssig.

Dies alles ist beim Würfel selbstverständlich. Die Ursache ist der 90°-Winkel, in dem jeweils zwei Flächen zusammenstoßen. Bei den vier anderen platonischen Körpern sind die Verhältnisse komplizierter.

Es lassen sich sechs Würfel an den Ecken zusammenfügen, dabei entstehen dreieckige Fenster nach innen, in die Tetraeder mit gleicher Kantenlänge hineinpassen (Abb. 21 e).

Der Hohlraum dieses Gebildes ist begrenzt von sechs Quadraten und acht Dreiecken (Abb. 21 f und Fotos S. 36 und 46). Das ist ein Verwandter der platonischen Körper, «Kuboktaeder» genannt. Er gehört zur Familie der archimedischen Körper, diese werden weiter hinten (S. 118 ff.) eingehend behandelt.

Einige Bauten müssen geklebt werden, entweder Fläche auf Fläche oder Kante an Kante bzw. Ecke an Ecke. Gute Erfahrung habe ich gemacht mit dem Holzkleber «Ponal». Er bindet schnell und trocknet glasklar auf. Geduld ist erforderlich, denn oft muss man die Teile in der richtigen Lage halten, bis sie festsitzen.

Mit den platonischen Körpern lässt sich vielfach bauen. Als Besonderheiten zeigt sich: Würfel lassen sich ohne Spalt zusammensetzen, lückenlos bilden sie einen Würfel mit doppelter Kantenlänge. Gleiches können Tetraeder und Oktaeder zusammen.
Türme kann man mit allen platonischen Körpern bauen.
Würfel Ecke an Ecke zusammengefügt umgibt ein Kuboktaeder.
Dodekaeder Kante an Kante zusammengefügt umgibt ein Ikosidodekaeder.

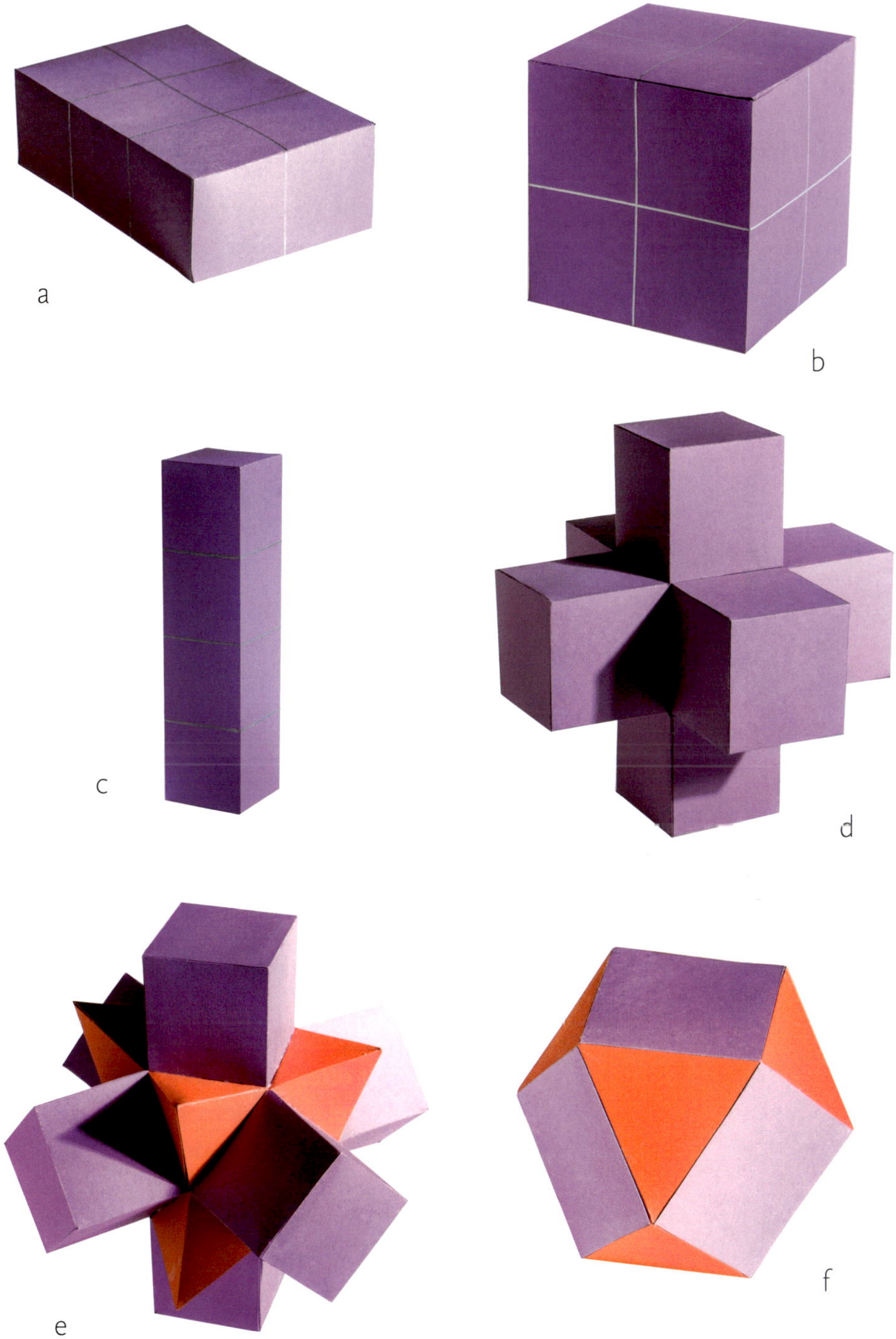

Abb. 21: Bauen mit Würfeln

Sich gegenseitig nur an halben Flächen berührend, können Oktaeder erstaunlich eng zusammengefügt werden; es entstehen dabei kleine tetraedrische Höhlen (Abb. 23 c).

Aus Oktaedern lässt sich ein schöner Turm bauen mit interessanter Struktur, er steht fest auf einer Fläche (Abb. 23 d).

Oktaeder und Tetraeder zusammen lassen sich lückenlos, nach allen Seiten erweiterbar, stapeln (Abb. 24 e). Der Flächenwinkel des Oktaeders ergänzt mit 109° 27' den Flächenwinkel des Tetraeders mit seinen 70° 33' zu 180°!

Oktaeder eignen sich vorzüglich zum Bestücken mit Tetraedern. Auf zwei gegenüberliegenden Flächen bestückt ergibt einen Sechs-Rhomben-Körper (Abb. 24 a, Foto S. 43).

Auf jeder zweiten Fläche des Oktaeders ein Tetraeder gesetzt, ergibt das große Tetraeder, das wir von Abb. 22 f schon kennen (Abb. 24 b, Foto S. 41).

Das Oktaeder mit Tetraedern auf allen Flächen bestückt, ergibt zwei sich kreuzweise durchdringende große Tetraeder, ein harmonischer Stern mit acht Zacken (Abb. 24 c). Johannes Kepler hat ihn 1619 gefunden. Wir nennen ihn den «ersten Keplerstern», denn Kepler hat noch zwei weitere Sternkörper gefunden – davon später (Seite 148 f.).

a

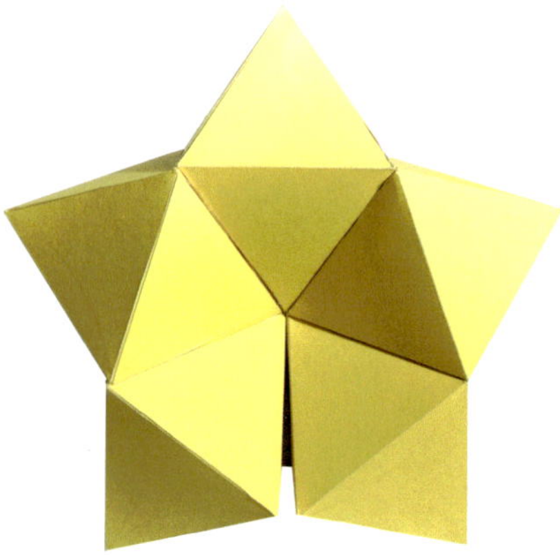

b

c

d

Abb. 23: Bauen mit Oktaedern

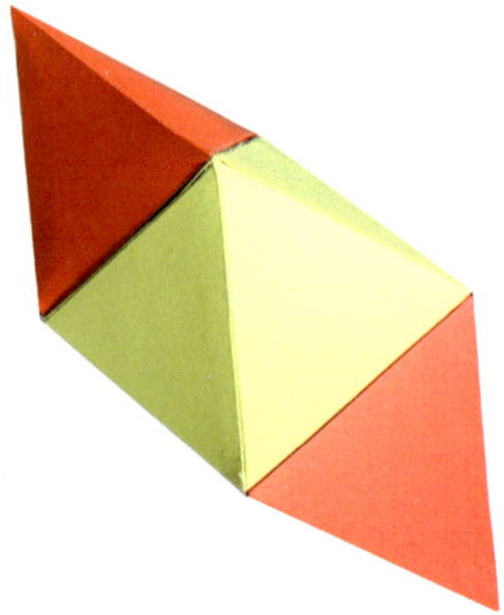

a

Kante an Kante zusammengesetzt, lassen sechs Oktaeder ein Oktaeder mit doppelter Kantenlänge entstehen. Alle sechs Oktaeder treffen mit einer Ecke in der Mitte zusammen. Zwischen den Flächen sind Höhlen entstanden. Diese Höhlen sind in Abb. 24 d mit Tetraedern gleicher Kantenlänge gefüllt. Mit Oktaedern und Tetraedern abwechselnd lässt sich ein schöner Turm bauen (Abb. 24 f).

Wenn Tetraeder und Oktaeder «zusammenhelfen», können sie das, was der Würfel allein kann: die eigene Form vergrößert darstellen (Abb. 24 b und 24 d). Diese gegenseitige Beziehung ist unter den platonischen Körpern einmalig.

Abb. 24: Bauen mit Oktaedern und Tetraedern

b

d

f

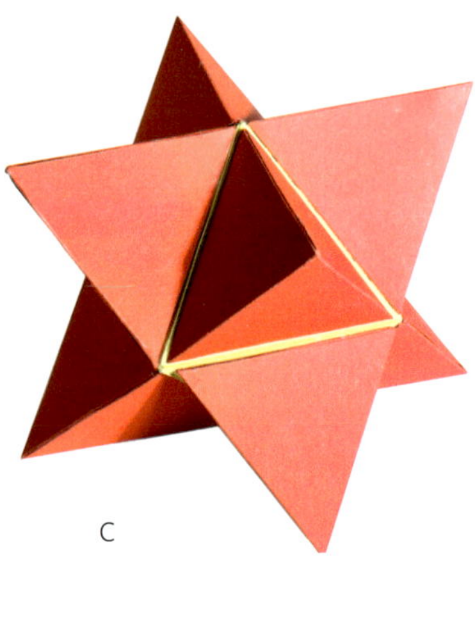

c

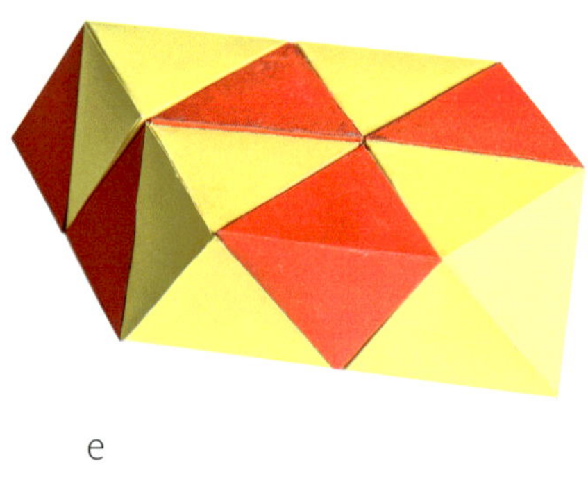

e

Zwei **Ikosaeder,** Fläche an Fläche zusammengefügt, lassen einen weiten Spalt entstehen, der aber für ein drittes Ikosaeder schon zu eng ist (Abb. 25 a). Der Flächenwinkel des Ikosaeders ist 138° 11'. Das ist mehr als 120°, also können Fläche an Fläche nur zwei Ikosaeder zusammengefügt werden.

Kante an Kante lassen sich Ikosaeder auf Flächen liegend platzsparend anordnen (Abb. 25 b). Alle liegen in gleicher Lage. So können Ikosaeder gestapelt werden, aber mit beachtlichen Zwischenräumen.

Der Ikosaederturm steht auf seiner relativ kleinen Fläche zwar nicht sehr sicher, aber er besitzt eine recht lebendige Struktur (Abb. 25 c).

Einen herrlichen Stern gibt es, wenn auf alle zwanzig Flächen des Ikosaeders Tetraeder gesetzt werden (Abb. 25 d, Foto S. 34).

Vier Ikosaeder können Ecke an Ecke zusammengefügt werden; in den entstandenen Hohlraum passt ein Oktaeder mit gleicher Kantenlänge (Abb. 25 e).

Drei **Dodekaeder,** Fläche an Fläche zusammengefügt, lassen ebenfalls einen engen Spalt frei. (Abb. 26 a). Der Flächenwinkel des Dodekaeders ist 116° 34'. Drei Körper zusammen geben 349° 42'. Der Spalt ist also 10° 18' groß.

Aus Dodekaedern lässt sich ein wunderschöner Turm mit festem Stand bauen (Abb. 26 b).

Das Dodekaeder ist mit sich selbst bestückbar (Abb. 26 c).

a

b

c

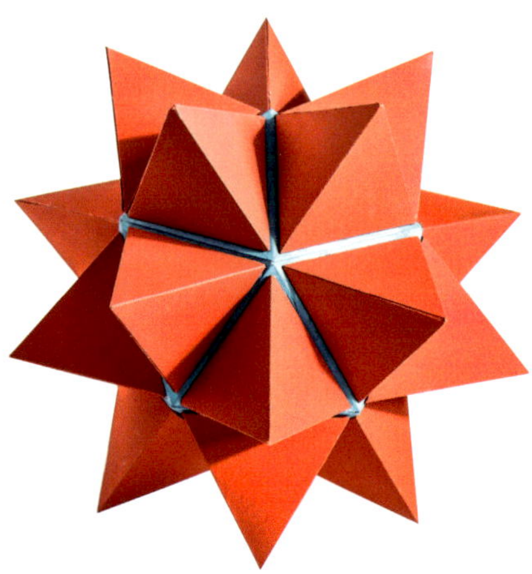

d

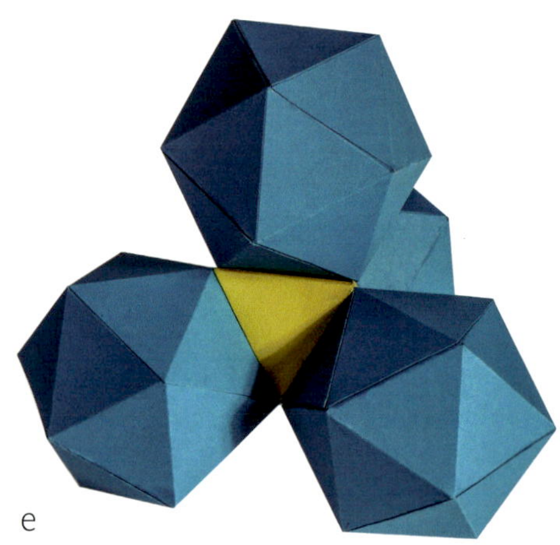

e

Abb. 25: Bauen mit Ikosaedern

Durch Zusammenfügen von zwölf Dodekaedern Kante an Kante entsteht ein respektables Gebilde. Die dreieckigen Fenstern nach innen lassen sich mit Tetraedern gleicher Kantenlänge ausfüllen (Abb. 26 d). Der Hohlraum dieses Gebildes ist begrenzt von zwölf Fünfecken und zwanzig Dreiecken (Abb. 26 e). Dies ist ein weiterer archimedischer Körper, «Ikosidodekaeder» genannt (s. auch S. 80).

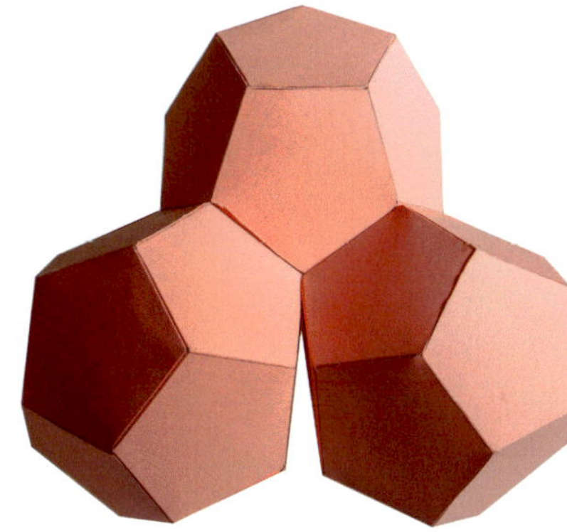

a

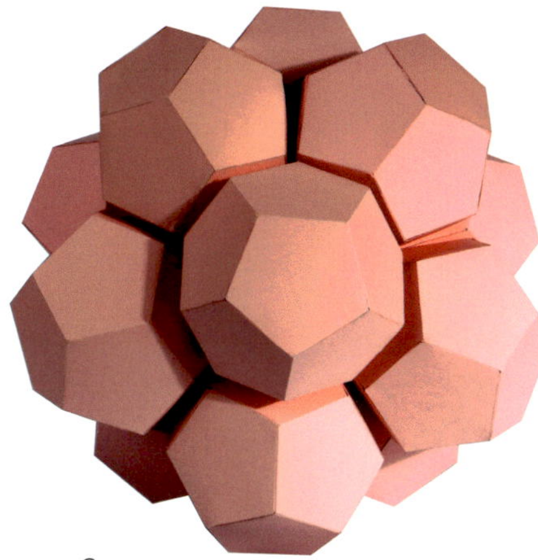

c

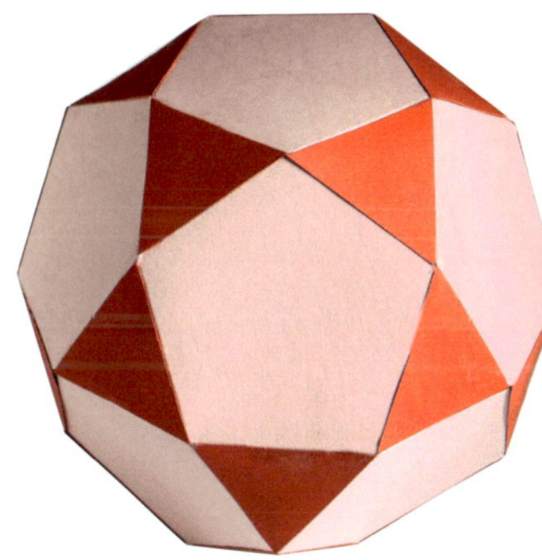

e

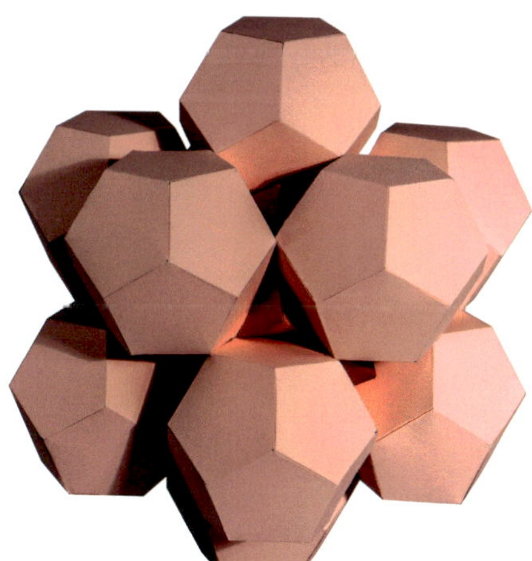

d

b

Abb. 26: Bauen mit Dodekaedern

«Gäste» in den platonischen Körpern

Abb. 28: Die Lagen der Ikosaeder- und Oktaederflächen in den Tetraederflächen

Die platonischen Körper haben eine besondere Eigenschaft, die wir bei unserer Schachtelung bereits verwendet haben: Sie lassen sich ineinanderfügen, falls der äußere Körper hohl ist. In jeden platonischen Körper passt nicht nur der in der Schachtelung jeweils verwendete Körper hinein, sondern alle anderen, jeder in einer anderen geometrischen Anordnung. Das gibt zusammen 5 · 4 = 20 verschiedene Möglichkeiten. Dazu kommt als Ausnahme noch das Tetraeder im Tetraeder. Dieser Körper ist der einzige, der sich selbst enthält. Insgesamt gibt es also 21 Möglichkeiten, jeweils zwei platonische Körper ineinanderzufügen. Ein Teil davon ist in der Schachtelung verwirklicht und uns bekannt. Um die gegenseitigen Lagen der ineinandergefügten platonischen Körper zu erkennen, hilft uns die Schachtelung in der Variation mit den Fenstern (Abb. 16).

Wir sehen uns die Verhältnisse beim **Tetraeder** in Abb. 27 an. Bekannt ist uns von der Schachtelung her, dass das Oktaeder mit vier seiner acht Flächen auf den Tetraederflächen liegt. Bei entferntem Oktaeder liegt auch das Ikosaeder mit vier seiner zwanzig Flächen auf den Tetraederflächen. Die Ikosaederecken teilen die Oktaederkanten im goldenen Schnitt, wie wir wissen. Dies ist in zwei verschiedenen Lagen möglich (Abb. 28). Der Würfel, das Dodekaeder und das kleine Tetraeder berühren das große Tetraeder mit jeweils vier ihrer Ecken in den Mitten der Tetraederflächen.

Abb. 27: Gäste im Tetraeder

Zum Nachbau werden hier die theoretischen Kantenlängen der Gastkörper a_g auf zwei Stellen nach dem Komma im Vergleich zu den Kantenlängen der Wirtskörper a_w angegeben. In der Praxis muss noch die Stärke des Papiers bzw. der Pappe berücksichtigt werden. Diese Werte sind dem Buch von Adam und Wyss[2] entnommen. Man kann die Maße auch mit einem Stechzirkel abnehmen.

Das Tetraeder als Wirt:

Tetraeder: $a_g = a_w : 3$
Oktaeder: $a_g = a_w : 2$
Würfel: $a_g = a_w \cdot 0{,}24$
Dodekaeder: $a_g = a_w \cdot 0{,}15$
Ikosaeder: $a_g = a_w \cdot 0{,}27$

Der Würfel als Wirt:

Oktaeder: $a_g = a_w \cdot 1{,}41$
Tetraeder: $a_g = a_w \cdot 1{,}41$
Ikosaeder: $a_g = a_w \cdot 0{,}62$ (Major von a_g)
Dodekaeder: $a_g = a_w \cdot 0{,}38$ (Minor von a_g)

Nun nehmen wir uns den **Würfel** vor (Abb. 29). Hier setzt das polare Oktaeder seine Ecken in die Mitten der Wirtsflächen. Das ist wegen der Polarität verständlich. Das Tetraeder steckt seine Ecken in die Wirtsecken, wie wir von der Schachtelung wissen. Die beiden goldenen Körper bieten eine Überraschung: Sie haben ihre *Kanten* in der Mitte von den Wirtsflächen, parallel zu den Würfelkanten. Das Ikosaeder hat den Major der Würfelkante in der Würfelfläche liegen und das Dodekaeder den Minor der Würfelkante.

Abb. 29: Gäste im Würfel

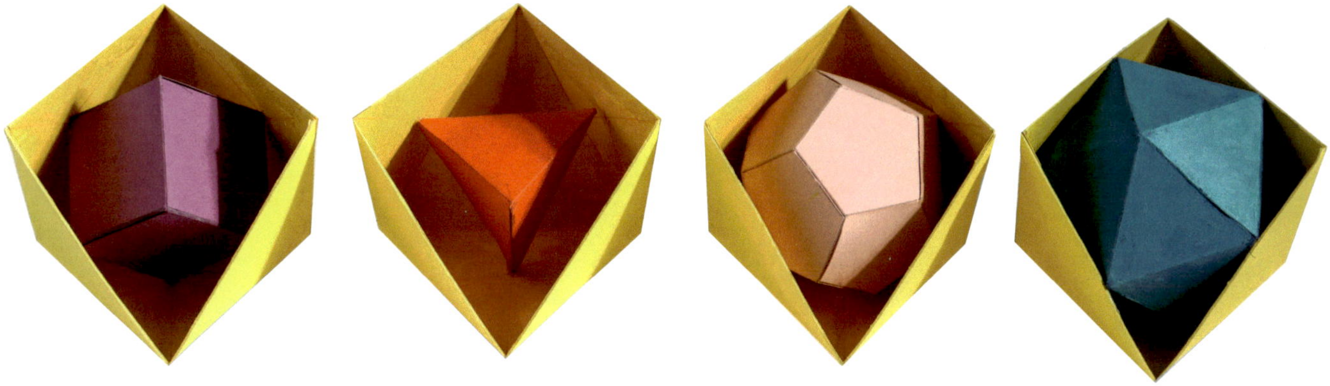

Abb. 30: Gäste im Oktaeder

Jetzt das **Oktaeder** in Abb. 30. Verständlich ist wieder die Lage des polaren Würfels darin mit seinen Ecken auf den Flächenmitten des Oktaeders. Das Tetraeder und das Dodekaeder machen es genauso. Das Ikosaeder hat, wie wir von der Schachtelung wissen, acht Flächen in den Wirtsflächen liegen, alle Ecken im goldenen Schnitt auf den Wirtskanten.

Das Oktaeder als Wirt:
Würfel: $a_g = a_w \cdot 0{,}47$
Tetraeder: $a_g = a_w : 3$
Dodekaeder: $a_g = a_w \cdot 0{,}29$
Ikosaeder: $a_g = a_w \cdot 0{,}54$

Das Ikosaeder als Wirt:
Würfel: $a_g = a_w \cdot 0{,}87$
Tetraeder: $a_g = a_w \cdot 1{,}23$
Dodekaeder: $a_g = a_w \cdot 0{,}54$
Oktaeder: $a_g = a_w \cdot 1{,}14$

Das **Ikosaeder** in Abb. 31 beherbergt in seinen Flächenmitten die Ecken von Würfel, Tetraeder und Dodekaeder. Das Oktaeder ist die Ausnahme, dessen Ecken liegen auf Kantenmitten.

Abb. 31: Gäste im Ikosaeder

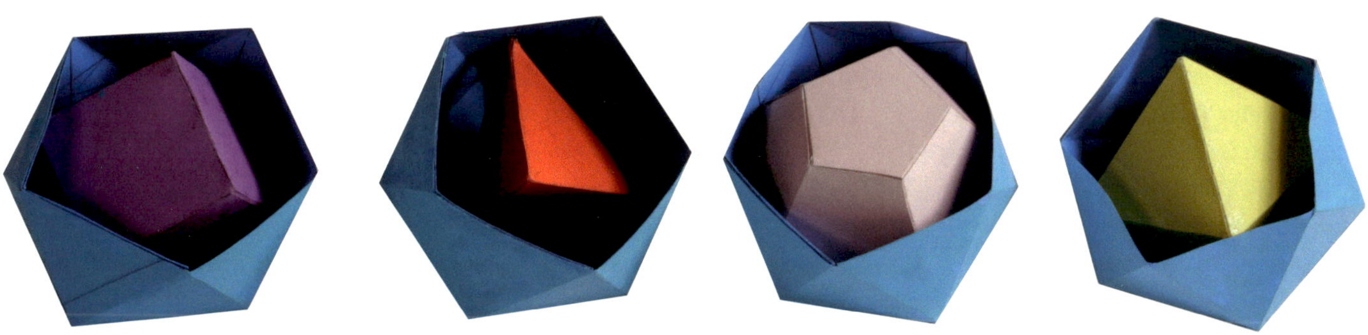

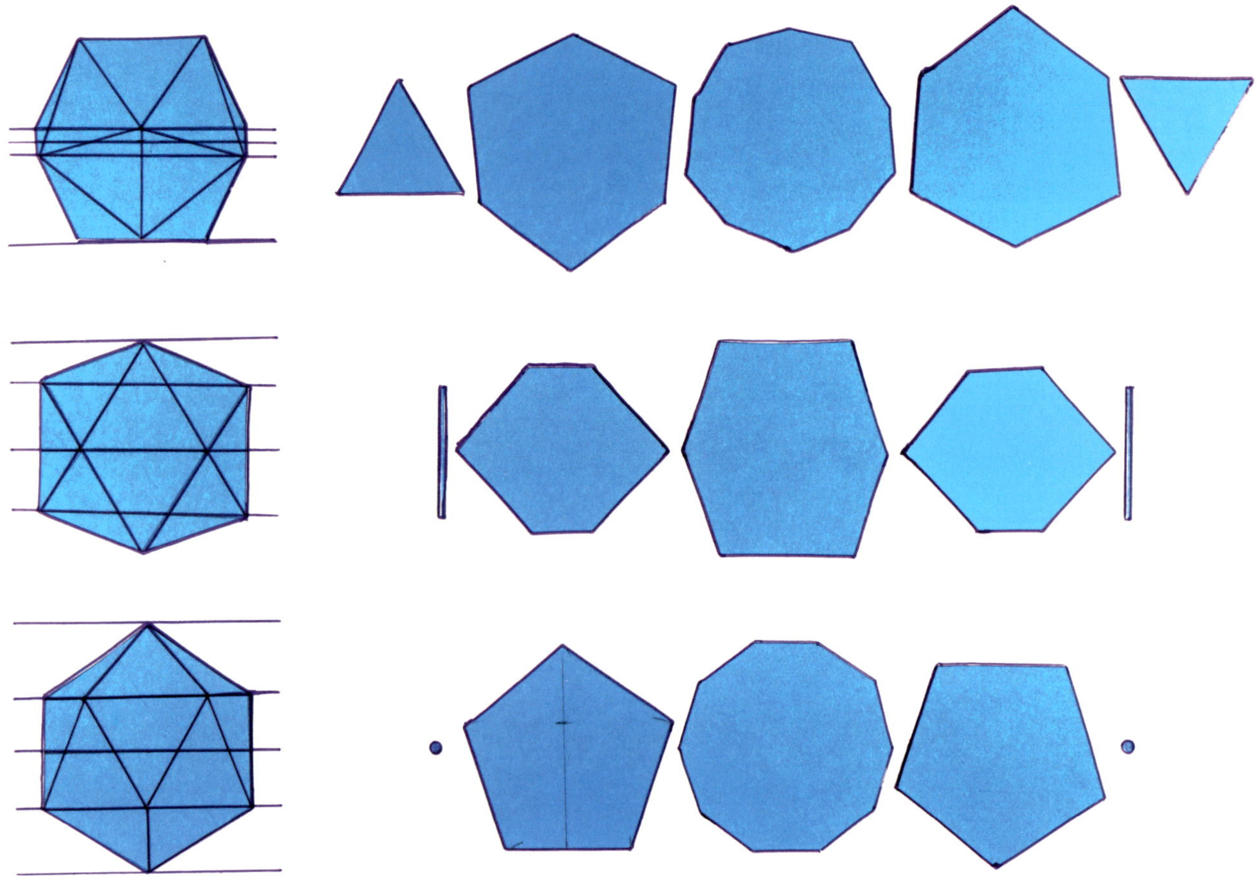

Abb. 37: Ebene Schnitte durch das Ikosaeder

Kopf stehend. Die Winkel im Zwölfeck, das ein auf einer Fläche liegendes Ikosaeder halbiert, wechseln zwischen 138° und 162°. Die Werte sind gerundet.

Das in der zweiten Zeile von Abb. 37 auf einer Kante sitzende Ikosaeder gibt nach dem Anfangsstrich zunächst Achtecke, die schnell in ein Sechseck mit zwei spitzen Ecken übergehen. Aus diesem wird dann auf halber Höhe ein Sechseck, das in ein Quadrat passt (Abb. 12 d). Auf der Unterseite findet eine Wiederholung ohne Umkehrung statt.

In der vom Ikosaeder bevorzugten Lage, also auf einer Ecke stehend, wird aus dem Punkt in der dritten Zeile von Abb. 37 sofort ein sich vergrößerndes, regelmäßiges Fünfeck. Sowie die ersten Ecken überschritten sind, werden Zehnecke daraus, anfangs noch mit alternierender Kantenlänge. Auf halber Höhe haben wir ein regelmäßiges Zehneck

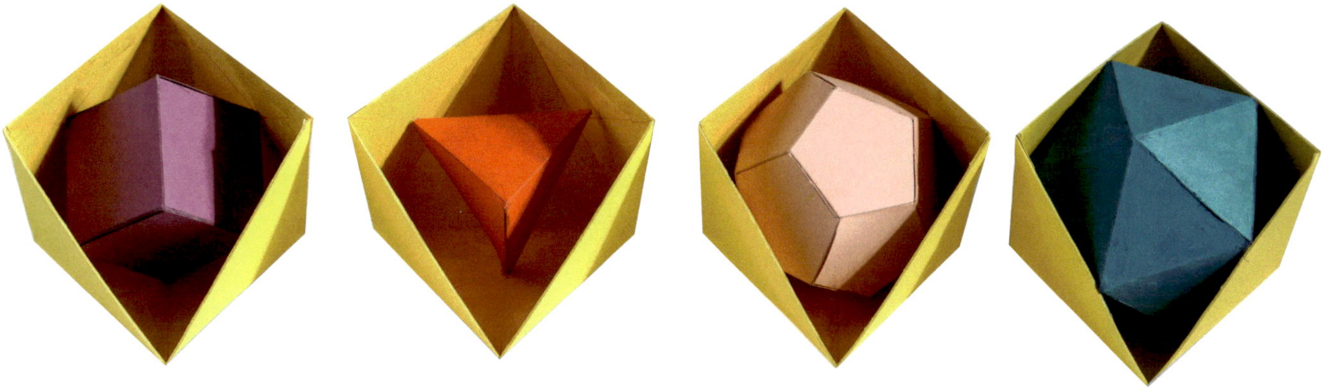

Jetzt das **Oktaeder** in Abb. 30. Verständlich ist wieder die Lage des polaren Würfels darin mit seinen Ecken auf den Flächenmitten des Oktaeders. Das Tetraeder und das Dodekaeder machen es genauso. Das Ikosaeder hat, wie wir von der Schachtelung wissen, acht Flächen in den Wirtsflächen liegen, alle Ecken im goldenen Schnitt auf den Wirtskanten.

Abb. 30: Gäste im Oktaeder

Das Oktaeder als Wirt:
Würfel: $a_g = a_w \cdot 0{,}47$
Tetraeder: $a_g = a_w : 3$
Dodekaeder: $a_g = a_w \cdot 0{,}29$
Ikosaeder: $a_g = a_w \cdot 0{,}54$

Das Ikosaeder als Wirt:
Würfel: $a_g = a_w \cdot 0{,}87$
Tetraeder: $a_g = a_w \cdot 1{,}23$
Dodekaeder: $a_g = a_w \cdot 0{,}54$
Oktaeder: $a_g = a_w \cdot 1{,}14$

Das **Ikosaeder** in Abb. 31 beherbergt in seinen Flächenmitten die Ecken von Würfel, Tetraeder und Dodekaeder. Das Oktaeder ist die Ausnahme, dessen Ecken liegen auf Kantenmitten.

Abb. 31: Gäste im Ikosaeder

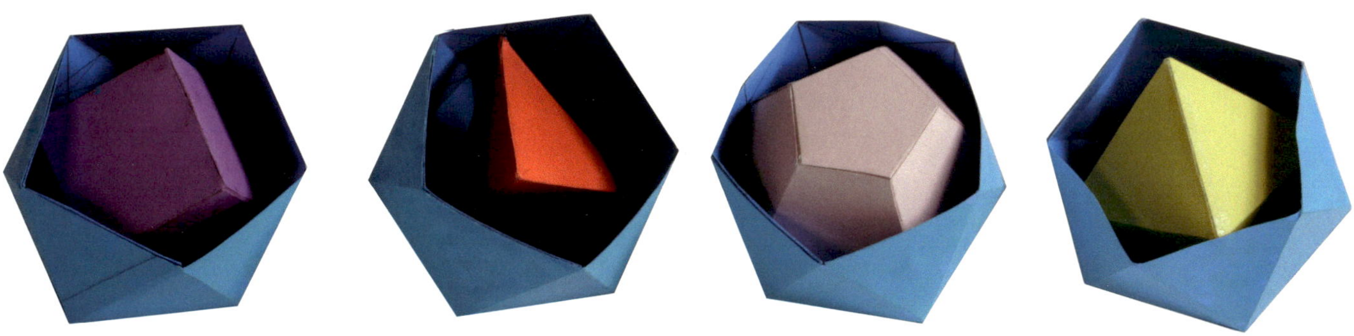

Abb. 32: Gäste im Dodekaeder

Schließlich noch das **Dodekaeder** als «Gastgeber» in Abb. 32. Das polare Ikosaeder setzt seine Ecken in die Dodekaederflächen-Mitten. Das Oktaeder hält sich an Kantenmitten fest, Würfel und Tetraeder in Ecken.

Diese 21 Doppelkörper nach und nach zu bauen führt zu einer schönen Sammlung. Wir bauen zuerst die Hüllkörper, die Kantenlängen der inneren Körper lassen sich mit den angegebenen Formeln errechnen oder mit einem Stechzirkel abgreifen.

Das Dodekaeder als Wirt:

Ikosaeder: $a_g = a_w \cdot 1{,}17$
Oktaeder: $a_g = a_w \cdot 1{,}85$
Würfel: $a_g = a_w \cdot 1{,}62$
Tetraeder: $a_g = a_w \cdot 2{,}29$

Damit sind alle 21 möglichen Kombinationen der platonischen Körper vorgestellt. Es fällt auf, dass das Oktaeder eine Ausnahme macht: Es fügt sich in das Ikosaeder und in das Dodekaeder so ein, dass seine Ecken in beiden Fällen auf den Kantenmitten des Wirtskörpers zu liegen kommen (Abb. 31 und 32). Diese Art der Koppelung wiederholt sich nicht. Wir haben Vertrauen, eine polare Erscheinung finden zu können, und sehen uns deshalb an, wie sich der Würfel um Dodekaeder und Ikosaeder fügt. Dabei stoßen wir auf zwei weitere Ausnahmen und stellen fest, dass die Würfelflächen um das Dodekaeder und das Ikosaeder (Abb. 29) deren Kantenmittelflächen sind. Wir sind wieder einer schönen, polaren Symmetrie begegnet.

In jedem platonischen Körper sind die anderen vier in geometrisch eindeutig festgelegter Weise enthalten. Polar ausgedrückt: Um jeden platonischen Körper lassen sich die anderen vier in geometrisch eindeutiger Weise bilden. Eine Ausnahme ist das Tetraeder, das sich selbst in sich und um sich trägt.

Wir wissen jetzt: Wenn in der Familie der fünf platonischen Körper ein Mitglied verloren geht, kann jedes der vier noch vorhandenen das verlorene aus sich heraus neu entstehen lassen, und zwar auf zweierlei Wegen: entweder im Inneren oder als Umhüllung.

Projektionen der platonischen Körper

Unter «Projektionen» verstehen wir die Schattenwürfe von Kantenmodellen der platonischen Körper (Abb. 2, S. 10). Sie sind in Abb. 33 jeweils von links nach rechts auf der Fläche liegend, auf der Kante sitzend und auf der Ecke stehend abgebildet. Im Anblick hinten liegende Kanten sind dünner gezeichnet und unterbrochen, wenn sie eine vorn liegende Kante kreuzen. Die Standkante der mittleren Projektionen steht immer senkrecht zum Beschauer.

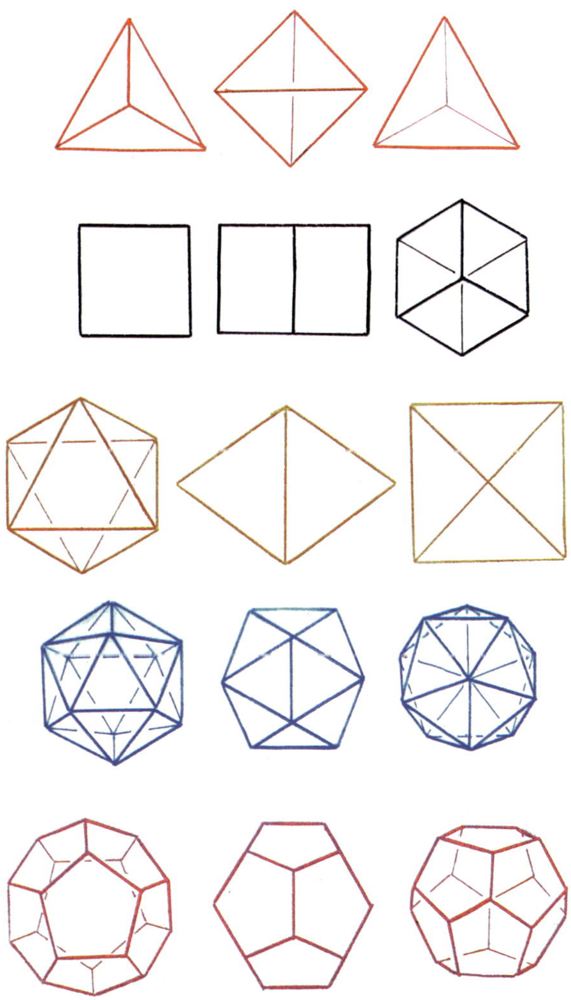

Abb. 33: Projektionen der platonischen Körper

Kantenmodelle für diese Schattenwürfe lassen sich leicht aus Stroh- oder Grashalmen herstellen.

Der Verfasser hat einen Baukasten für Kantenmodelle der platonischen Körper aus Messingröhrchen entwickelt.[9] Mit diesen Modellen lassen sich die Schattenwürfe gut realisieren.

Das **Tetraeder** zeigt in den Projektionen zwei gleichseitige Dreiecke und ein Quadrat. Aus dem **Würfel** wird in der Projektion ein Quadrat, ein Rechteck und ein Sechseck. Das Rechteck hat das Seitenverhältnis vom DIN-Format und wird halbiert. Im Sechseck treffen sich die drei langen Diagonalen im Mittelpunkt. Das **Oktaeder** beginnt umgekehrt mit dem Sechseck und endet mit dem Quadrat. Dazwischen, in der Mitte, steht ein Rhombus mit dem Diagonalenverhältnis $1 : \sqrt{2}$. Das **Ikosaeder** wirft einen Schatten mit regelmäßigem und einem ins Quadrat passenden Sechseck, sowie im regelmäßigen Zehneck. Das **Dodekaeder** schließlich bietet ein regelmäßiges Zehneck, ein in ein Quadrat passendes Sechseck und ein halb regelmäßiges Zwölfeck.

Eine nette Knobelaufgabe: Zeichne zwei regelmäßige Sechsecke und mache daraus durch jeweils drei Striche einen Würfel bzw. ein Oktaeder. Abb. 34 zeigt die Lösung.

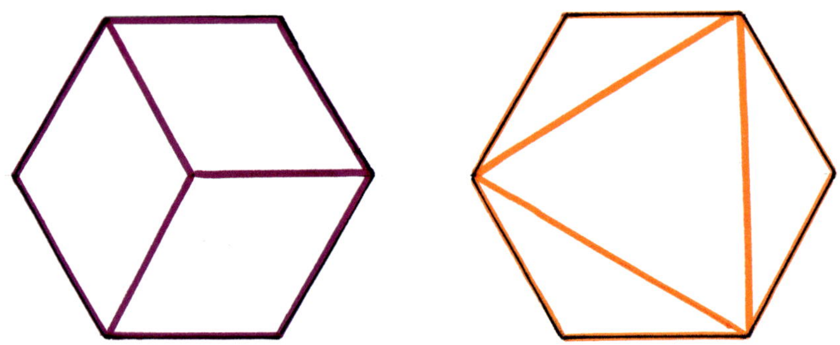

Abb. 34: Ein Würfel bzw. ein Oktaeder durch jeweils drei Striche im regelmäßigen Sechseck

Ebene Schnitte durch die platonischen Körper

Es gibt noch einen anderen Weg, um die platonischen Körper näher kennenzulernen: Wir schneiden sie in Scheiben. Exakt ausgedrückt: Wir schneiden die platonischen Körper mit horizontal liegenden Ebenen in verschiedenen Höhen. Die dabei entstehenden Formen verwandeln sich mit der Schnitthöhe. Die Veränderungen verlaufen beim Absenken der Schnittebene kontinuierlich. Wir halten hier besondere Situationen fest.

In den folgenden Bildreihen (Abb. 35 – 39) sind die Körper in der oberen Zeile auf einer Fläche liegend, in der mittleren auf einer Kante sitzend und in der dritten Zeile auf einer Ecke stehend dargestellt, immer in der Draufsicht. Links davor ist in Seitenansicht die jeweilige Schnitthöhe gekennzeichnet.

Die nach den Ausschneidebögen im Anhang gebauten Modelle können zum leichteren Verständnis der Schnittfiguren beitragen.

Ein auf einer Fläche liegender **Würfel** hat als Schnittfläche immer ein gleich großes Quadrat. Es geschieht keine Veränderung mit der Höhe – eigentlich uninteressant. So etwas begegnet uns nur beim Würfel (Abb. 35, S. 54). Interessanter wird es, wenn wir in der zweiten Zeile der Abb. 35 den Würfel auf einer Kante stehend schneiden. Von einem Strich so lang wie die Würfelkante ausgehend, bekommen wir Rechtecke, alle gleich hoch, aber mit sinkender Schnitthöhe wächst die Breite. Bald haben wir als Schnittfläche ein Quadrat, ebenso groß wie die Würfelflächen. Beim tieferen Schneiden wachsen die beiden zunächst so kurzen Seiten noch etwas weiter, bis sie auf halber Höhe so lang sind wie die Flächendiagonalen des Würfels. Der Würfel ist dann in einem Diagon, also im Seitenverhältnis des DIN-Formates halbiert. Bei noch tieferen Schnitten folgt eine Wiederholung in umgekehrter Reihenfolge.

Schließlich sehen wir uns in der dritten Zeile der Abb. 35 die Schnittfolge beim auf der Ecke stehenden Würfel an. Die obersten Schnitte ergeben von einem Punkt ausgehend gleichseitige Dreiecke, die wachsen, je tiefer geschnitten wird. So geht es, bis die Schnittfläche die Höhe der ersten drei Würfelecken erreicht hat. Darunter erscheinen als Schnittfiguren Sechsecke, zunächst mit zwei verschieden langen Kanten in abwechselnder Folge. Kurz vor der halben Höhe ist die Schnittfläche ein goldenes Sechseck. Wenn wir auf halber Höhe angekommen sind, also den Würfel auf einer Ecke stehend horizontal halbieren, ist das Sechseck regelmäßig geworden. Wer weiß das schon, dass man einen Würfel

Abb. 35: Ebene Schnitte durch den Würfel

im Sechseck halbieren kann? Von hier an wiederholen sich bei tieferen Schnitten die Erscheinungen in umgekehrter Reihenfolge, das Dreieck ist jedoch umgedreht.

Wir nehmen uns jetzt das **Oktaeder** vor (Abb. 36). Auf einer Fläche liegend beginnt die Folge in der ersten Zeile mit einem Dreieck. Sowie wir etwas tiefer schneiden, zeigt das Oktaeder ein Sechseck mit in der Länge alternierenden Kanten, bis es auf halber Höhe mit lauter gleich langen Kanten regelmäßig geworden ist. In der unteren Hälfte haben wir wieder gleiche Verhältnisse wie oben, jedoch umgedreht.

Was mag geschehen, wenn wir das Oktaeder in der zweiten Zeile von Abb. 36 auf einer Kante sitzend schneiden? Aus der geraden Linie in Kantenlänge wird zunächst ein schmales Sechseck, das während des ganzen Durchgangs gleich hoch bleibt, aber dicker wird. Auf halber

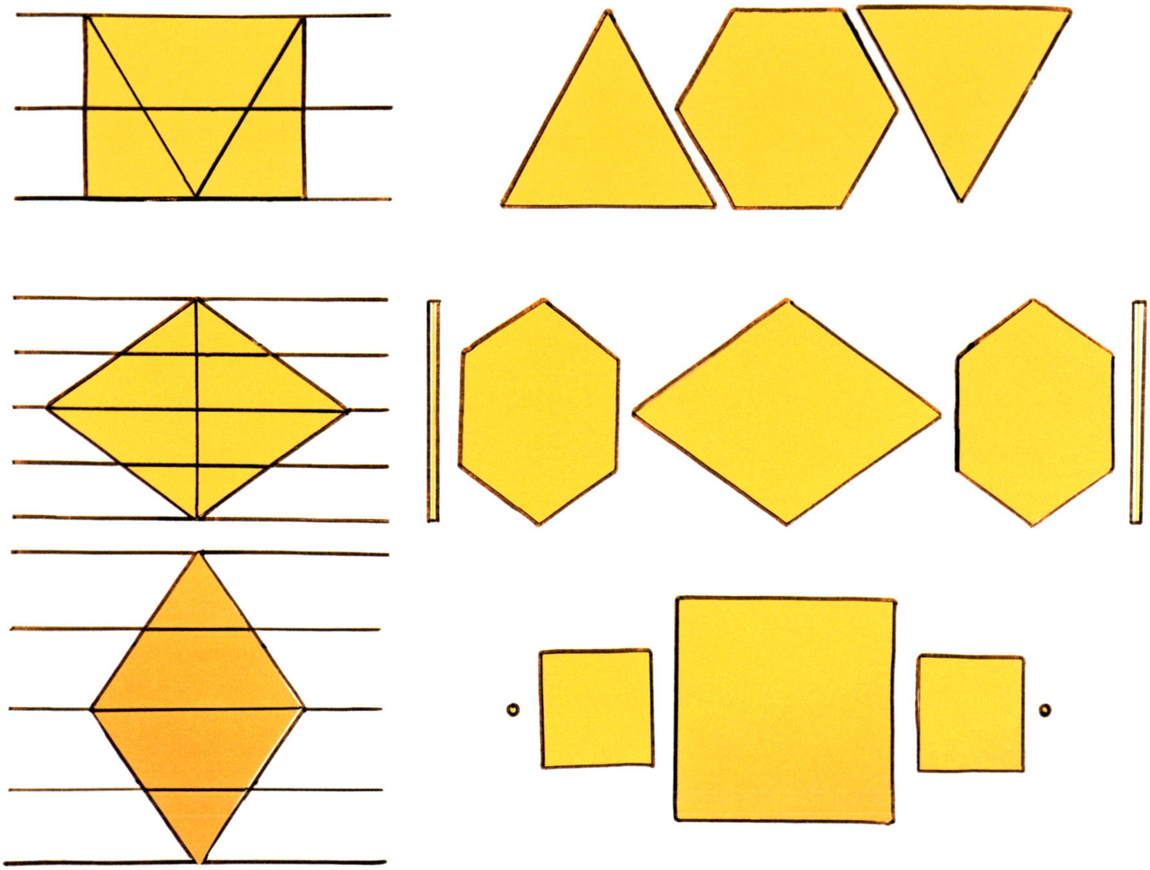

Abb. 36: Ebene Schnitte durch das Oktaeder

Höhe haben wir einen Rhombus vor uns, dessen Diagonalen im Verhältnis 1 : $\sqrt{2}$ stehen. Wenn wir diesen Rhombus zum Rechteck ergänzen, ist es ein Diagon. Der untere Teil ist zum oberen identisch.

Auf einer Ecke stehend erhalten wir, das Oktaeder schneidend, von einem Punkt ausgehend als Schnittflächen lauter Quadrate, die wachsen und auf halber Höhe die Kantenlänge des Oktaeders haben. Daraufhin werden die Quadrate wieder kleiner, um in einem Punkt zu verschwinden.

In Abb. 37 (S. 56) wird das **Ikosaeder** geschnitten. In der ersten Zeile wird aus dem Dreieck rasch ein unregelmäßiges Neuneck. In der Höhe der ersten Ikosaederecken, kurz vor der Halbierung, ist daraus ein harmonisches Sechseck geworden. Auf halber Höhe entdecken wir ein Zwölfeck, das lauter gleich lange Kanten, aber etwas alternierende Winkel hat. Auf der Unterseite wiederholen sich die Formen auf dem

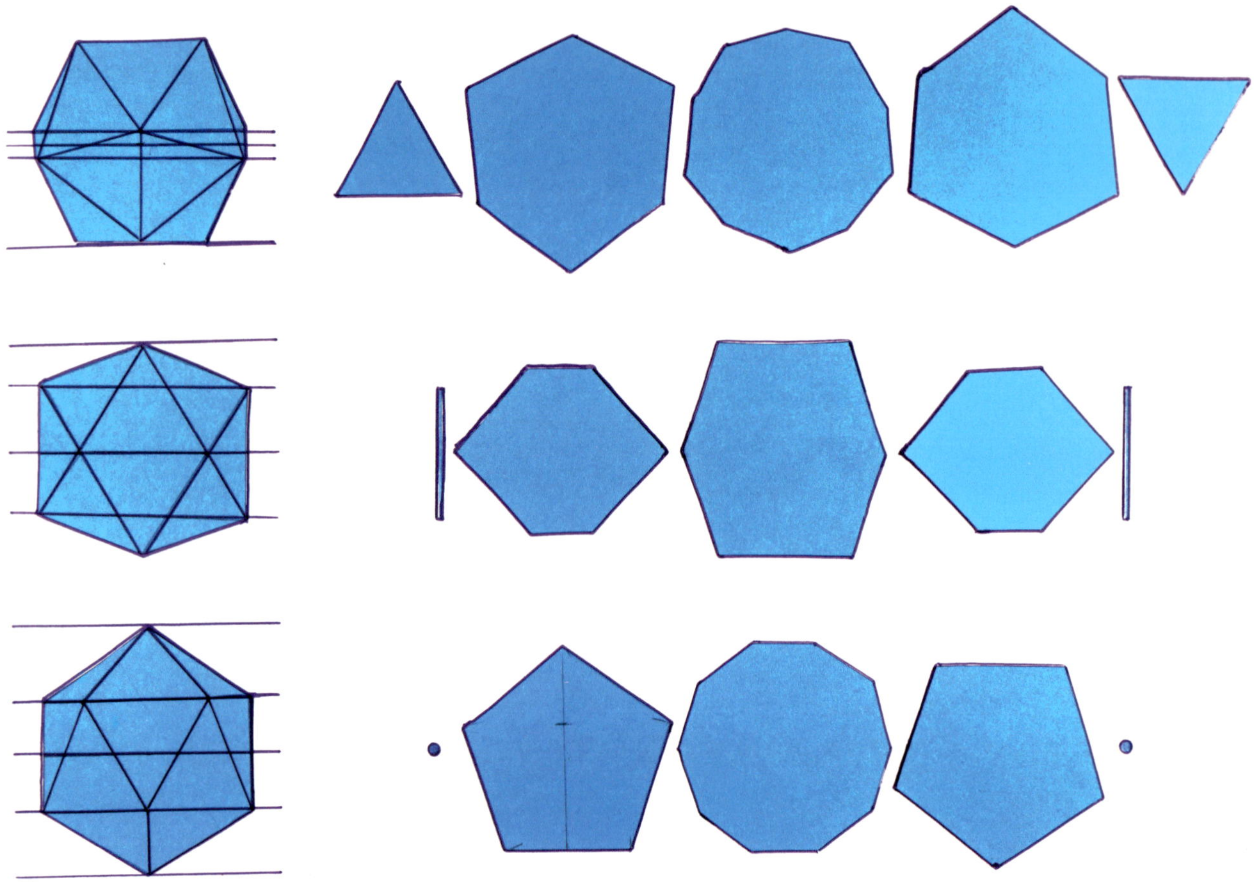

Abb. 37: Ebene Schnitte durch das Ikosaeder

Kopf stehend. Die Winkel im Zwölfeck, das ein auf einer Fläche liegendes Ikosaeder halbiert, wechseln zwischen 138° und 162°. Die Werte sind gerundet.

Das in der zweiten Zeile von Abb. 37 auf einer Kante sitzende Ikosaeder gibt nach dem Anfangsstrich zunächst Achtecke, die schnell in ein Sechseck mit zwei spitzen Ecken übergehen. Aus diesem wird dann auf halber Höhe ein Sechseck, das in ein Quadrat passt (Abb. 12 d). Auf der Unterseite findet eine Wiederholung ohne Umkehrung statt.

In der vom Ikosaeder bevorzugten Lage, also auf einer Ecke stehend, wird aus dem Punkt in der dritten Zeile von Abb. 37 sofort ein sich vergrößerndes, regelmäßiges Fünfeck. Sowie die ersten Ecken überschritten sind, werden Zehnecke daraus, anfangs noch mit alternierender Kantenlänge. Auf halber Höhe haben wir ein regelmäßiges Zehneck

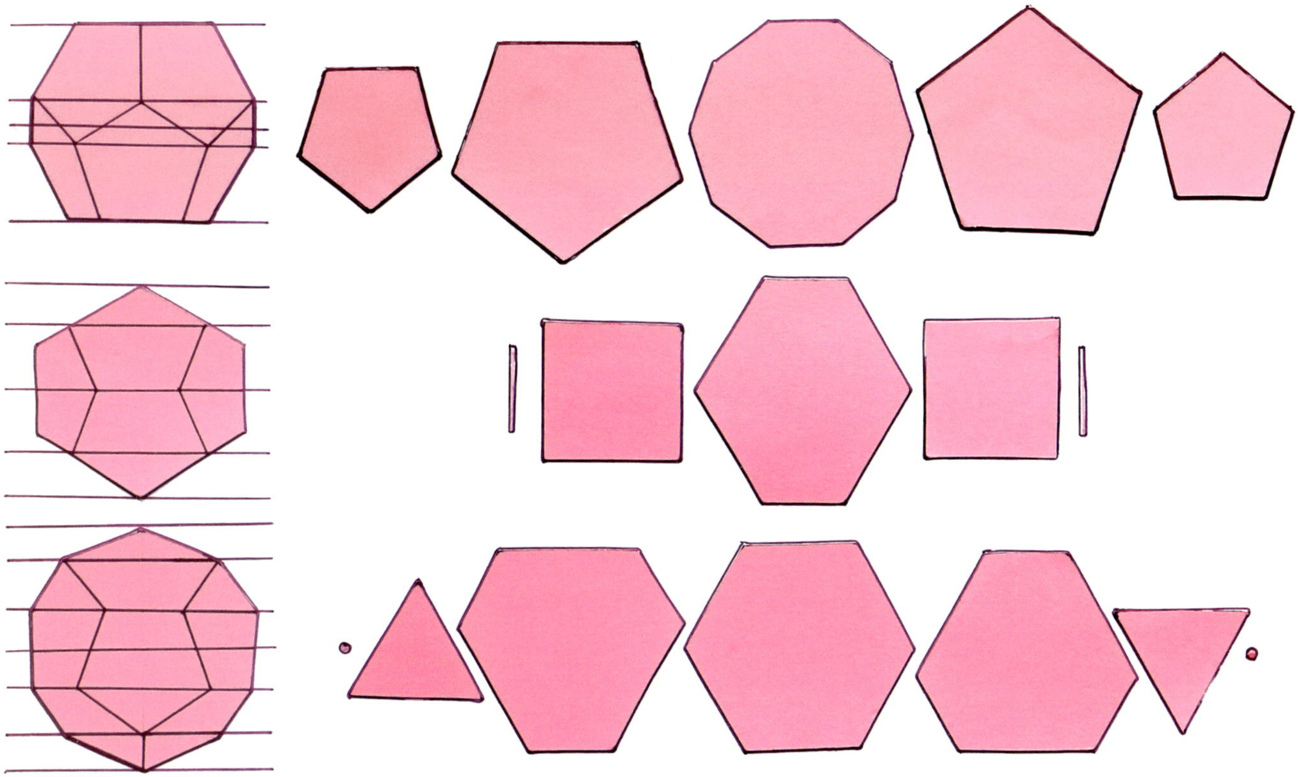

vor uns. Bei tieferem Schneiden durchwandern wir eine Wiederholung mit einem auf einer Ecke stehenden Fünfeck.

Sehen wir uns in Abb. 38 auch noch das **Dodekaeder** an. Auf der Fläche liegend bilden sich in der ersten Zeile zunächst wachsende regelmäßige Fünfecke. Wenn die ersten Eckpunkte überschritten sind, entsteht zunächst ein Zehneck mit alternierenden Seitenlängen. Auf halber Höhe ist das Zehneck regelmäßig geworden. Nach unten folgt eine Wiederholung mit auf Seiten stehenden Fünfecken.

Das Dodekaeder auf einer Kante sitzend, bietet nach dem Anfangsstrich in der zweiten Zeile von Abb. 38 zunächst Rechtecke, die in das uns als Öffnung in der Schachtelung bekannte Quadrat übergehen. Auf halber Höhe entsteht ein Sechseck, das in ein Quadrat passt (Abb. 12 e, S. 19). Der untere Teil ist eine Wiederholung des oberen.

Abb. 38: Ebene Schnitte durch das Dodekaeder

Beim Schneiden der platonischen Körper mit horizontal liegenden Ebenen zeigen sich verschiedene Folgen von Schnittbildern. Wir begegnen beim Würfel dem Rechteck Diagon, beim Oktaeder dem entsprechenden Rhombus. Beim Dodekaeder stoßen wir auf das goldene Sechseck, beim Ikosaeder auf ein harmonisches Sechseck. Das Tetraeder fällt deutlich heraus, weil es keine spiegelbildliche Folge hat, dafür aber eine Drehung um 90°. Beim Schneiden von Dodekaeder und Ikosaeder tritt der goldene Schnitt mehrfach auf. Besonders interessant sind die regelmäßigen Halbierungsschnitte jeweils in der Mitte der Folgen. Sie zeigen die enge Verwandtschaft von Würfel und Oktaeder, indem beide Körper im regelmäßigen Sechseck halbiert werden können. Die Verwandtschaft von Dodekaeder und Ikosaeder zeigt sich in den regelmäßigen Zehnecken.

Das auf einer Ecke stehende Dodekaeder bietet nach dem Startpunkt in der dritten Zeile von Abb. 38 bis zu den ersten Dodekaederecken wachsende regelmäßige Dreiecke. Aus diesen entsteht in Höhe der zweiten Dodekaederecken ein goldenes Sechseck. In der Mitte ist das Sechseck regelmäßig geworden. Die Unterseite ist eine Wiederholung der oberen Hälfte, jedoch auf den Kopf gestellt.

Eine Ausnahme bildet auch hier das **Tetraeder,** denn es zeigt uns auf einer Fläche liegend oder auf einer Ecke stehend geschnitten die gleiche simple Erscheinung in Form von lauter regelmäßigen Dreiecken, größer bzw. kleiner werdend, je nach Lage. Eine nähere Betrachtung erübrigt sich.

Das Tetraeder hat aber in seiner Lieblingsstellung eine Überraschung zu bieten. Auf einer Kante stehend formt sich beim Schneiden aus einer geraden Strecke (Abb. 39) ein dicker werdendes Rechteck, das sich bis auf halber Höhe in ein Quadrat verwandelt. Die Kantenlänge dieses Quadrates ist halb so lang wie die Tetraederkante. Das sperrige Tetraeder hat also auf der Kante stehend eine erstaunlich enge Taille! Das Rechteck hat alle möglichen Formen von der doppelt durchlaufenen Linie bis zum Quadrat angenommenen. Kurz oberhalb und unterhalb des halbierenden Quadrates hat der Schnitt die Form von goldenen Rechtecken, einmal im Querformat, ein andermal im Hochformat. An anderen, hier nicht gezeichneten Stellen, haben die Rechtecke auch das Verhältnis vom DIN-Format, sind Diagone. Der Durchgang endet mit einer zur ersten senkrecht stehenden Strecke, es geschieht also eine Drehung um 90°.

Die Schnittrechtecke und auch das Quadrat haben alle den gleichen Umfang von zwei Kantenlängen des Tetraeders. Der Anfang- und Ende-Strich passt dazu, denn er wird doppelt durchfahren.

Abb. 39: Ebene Schnitte durch das Tetraeder

Falsch zusammengesetzte Hälften von platonischen Körpern

Wir greifen die Halbierungen der platonischen Körper mit regelmäßigen Schnittflächen heraus (siehe Abb. 35 bis 39). Ein halbierter platonischer Körper kann richtig und, wenn man die Teile verdreht, auch falsch wieder zusammengesetzt werden. Dabei entstehen neue Polyeder. Wir wollen sie näher untersuchen.

Die zwei Teile von dem im Quadrat halbierten **Tetraeder** werden gelegentlich zum Knobeln verwendet. Man wird aufgefordert, aus ihnen vier Dreiecke zu machen. Dabei werden die Teile meistens zuerst falsch zusammengesetzt (Abb. 40).

Der **Würfel** kann im Quadrat oder im Sechseck regelmäßig halbiert werden. Im Quadrat passt er immer richtig zusammen. Die Halbierung im Sechseck kann falsch zusammengesetzt werden (Abb. 41). Das **Oktaeder** kann ebenfalls im Quadrat oder im Sechseck halbiert werden. Im Quadrat passt er immer richtig zusammen. Die Halbierung im Sechseck kann falsch zusammengesetzt werden (Abb. 42). Das **Ikosaeder** hat nur einen regelmäßigen Halbierungsschnitt im Zehneck, es kann auch falsch zusammengesetzt werden (Abb. 43). In dem nicht ganz regelmäßigen Zwölfeck-Halbierungsschnitt ist keine falsche Zusammensetzung möglich. Das **Dodekaeder** hat zwei regelmäßige Halbierungsschnitte, im Sechseck und im Zehneck. Beide können auch falsch zusammengesetzt werden (Abb. 44).

Abb. 40: Halbierter Tetraeder, falsch zusammengesetzt
Abb. 41: Halbierter Würfel, falsch zusammengesetzt

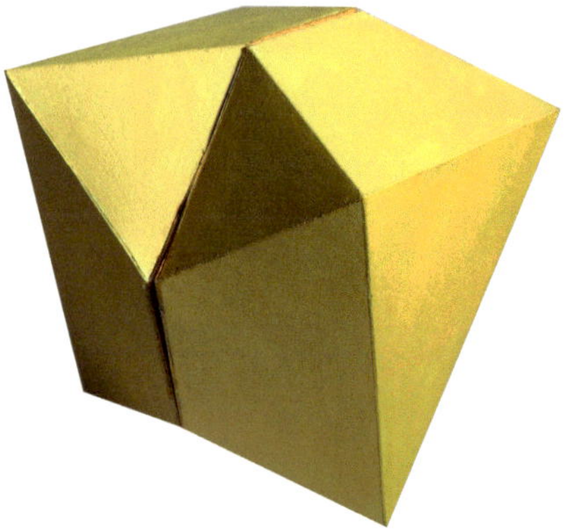

Abb. 42: Halbiertes Oktaeder, falsch zusammengesetzt

Wir wollen noch festhalten, wie viele regelmäßige Halbierungsschnitte bei den platonischen Körpern jeweils möglich sind. Die für die Schachtelung gebauten Modelle helfen zum Verständnis.

Beim **Tetraeder** sind es drei Quadrate. Beim **Würfel** und beim **Oktaeder** sind es auch jeweils drei Quadrate, die beim Oktaeder mit den Kanten zusammenfallen. Außerdem können diese beiden Körper auch in vier regelmäßigen Sechsecken halbiert werden. Beim **Dodekaeder** und beim **Ikosaeder** sind es jeweils sechs Zehnecke und beim Dodekaeder zusätzlich zehn Sechsecke.

Anregung: Die falsch zusammengesetzten Körper bauen und Freunde raten lassen, wie sie entstanden sind.

Abb. 43: Halbiertes Ikosaeder, falsch zusammengesetzt

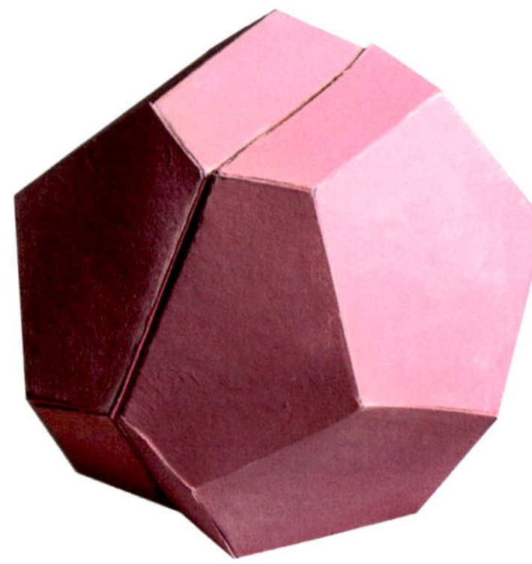

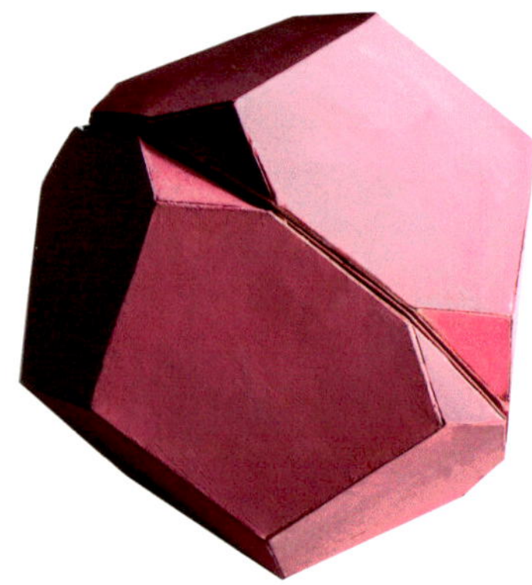

Abb. 44: Halbierte Dodekaeder, falsch zusammengesetzt

In regelmäßigen Halbierungsebenen geschnittene platonische Körper können auch verdreht zusammengesetzt werden; das ergibt neue Polyeder.

Verschnürungen der platonischen Körper

Die platonischen Körper können den regelmäßigen Halbierungslinien entlang verschnürt werden. In Abb. 45 sind alle diese Möglichkeiten ausgeführt. Gummiringe halten in diesen Lagen.

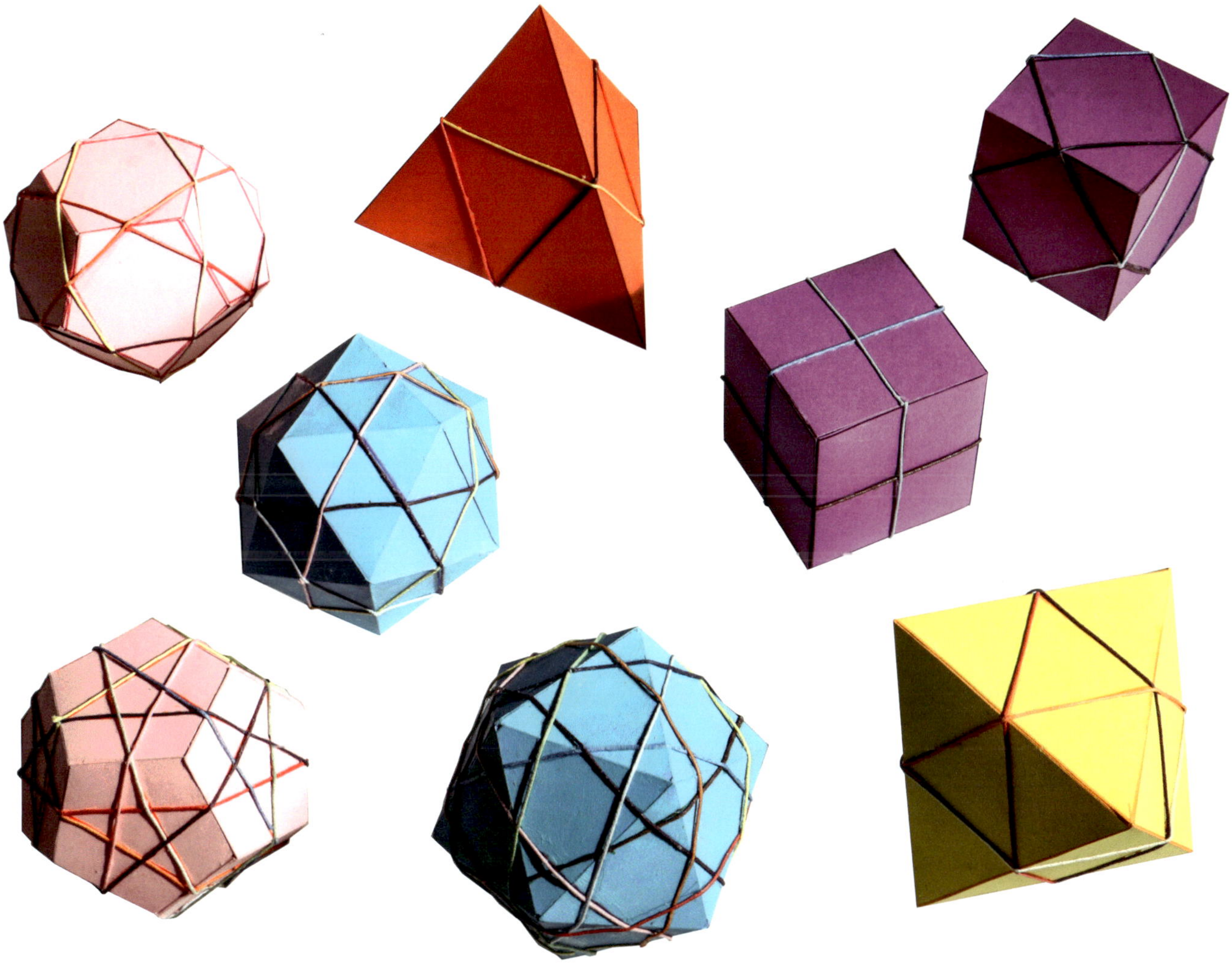

Abb. 45: Verschnürte platonische Körper

Kemper-Gebilde

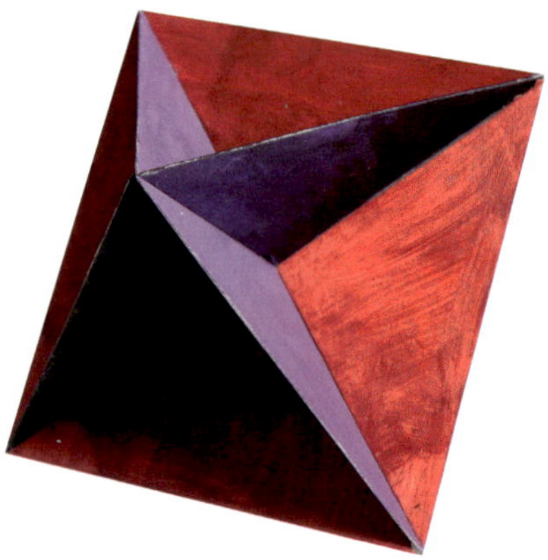

Abb. 46: Kleine Drei-Quadrat-Wabe

Abb. 47: Große Drei-Quadrat-Wabe

Die in den beiden vorangegangenen Kapiteln dargestellten regelmäßigen Halbierungsflächen der platonischen Körper können in der Vorstellung herausgenommen und außerhalb der Körper wieder neu so zusammengesetzt werden, wie sie im Körper waren. Die dadurch entstehenden geometrischen Gebilde haben ihren Namen von dem Bildhauer Carl Kemper, der in Dornach (Schweiz) lebte und arbeitete. Nach seinem Tod 1957 fand man im Nachlass bisher unbeachtete Figurationen aus Pappe und übergab sie dem Mathematiker Georg Unger. Dieser erkannte den Wert, führte die im Folgenden benützten Namen ein und ordnete fachmännisch, was er von dem Bildhauer empfangen hatte. Seine Erkenntnisse veröffentlichte er unter dem Titel *Das offenbare Geheimnis des Raumes*.[5]

Kemper-Gebilde entstehen also aus regelmäßigen Halbierungsflächen der platonischen Körper. Diese Flächen schließen keinen Raum ein, deswegen sprechen wir nicht von Körpern, sondern von «Gebilden». Die Kemper-Gebilde haben keine zweiflächigen Kanten, nur einflächige Ränder.

Das **Tetraeder** hat drei Quadrate als Halbierungsflächen. Diese drei Halbierungsquadrate aus dem Tetraeder herausgenommen, sind das erste Kemper-Gebilde. Wir nennen es die «kleine Drei-Quadrat-Wabe» (Abb. 46). Wenn wir diese Quadratwabe eng anliegend einpacken, entstehen als «Hülle» acht Dreiecke, also ein Oktaeder.

Der **Würfel** kann auch dreimal im Quadrat halbiert werden, er liefert uns die «große Drei-Quadrat-Wabe» (Abb. 47). Auch diese Wabe kann so eng wie möglich eingepackt werden, es entstehen dabei als Hülle sechs Quadrate und acht regelmäßige Dreiecke. Die neuen Kanten von Ecke zu Ecke liegen frei in der Luft. An jeder Quadratseite hängt ein Dreieck und an jeder Dreieckseite hängt ein Quadrat. Die sechs Quadrate stammen von einem Würfel, die acht Dreiecke von einem Oktaeder. Wir kennen diesen Körper vom Bauen mit Würfeln schon als Kuboktaeder (Abb. 21 f, S. 36 und 37).

Diese beiden Drei-Quadrat-Waben ähneln sich. Aus der großen wird eine kleine, wenn wir von ihren Quadraten die Ecken abschneiden.

Außerdem kann der Würfel in regelmäßigen Sechsecken halbiert werden. Das geht viermal. Auch diese vier Sechsecke können wir herauslösen, ohne ihre gegenseitige Lage zu verändern, und separat betrachten. Wir nennen dieses Gebilde die «Vier-Sechseck-Wabe» (Abb. 48). Die Hülle hat wieder sechs Quadrate und acht Dreiecke, sie ist ebenfalls ein Kuboktaeder (Abb. 21 f).

Das **Oktaeder** hat als halbierende regelmäßige Schnitte so wie der Würfel entweder drei Quadrate oder vier Sechsecke. Wir nehmen zunächst die drei Quadrate heraus, die aus den Oktaederkanten bestehen. Das Ergebnis ist wieder die kleine Drei-Quadrat-Wabe, die wir vom Tetraeder her kennen (Abb. 46). Entnehmen wir dem Oktaeder die vier halbierenden, regelmäßigen Sechsecke, so ist das Ergebnis die uns ebenfalls schon bekannte Vier-Sechseck-Wabe (Abb. 48). Das Oktaeder bringt also nichts Neues.

Das **Ikosaeder** lässt sich in sechs regelmäßigen Zehnecken halbiert. Wir erhalten von ihm eine «Sechs-Zehneck- Wabe» (Abb. 49). Die Hülle dieser Wabe ist ein Körper mit zwanzig Dreiecken und zwölf Fünfecken. An jeder Fünfeckseite hängt ein Dreieck, und an jeder Dreieckseite hängt ein Fünfeck. Die zwanzig Dreiecke hat er vom Ikosaeder und die zwölf Fünfecke vom Dodekaeder. Man nennt ihn daher «Ikosidodekaeder». Wir kennen diesen Körper schon vom Bauen mit Dodekaedern (Abb. 26 e).

Auch das **Dodekaeder** lässt sich in sechs regelmäßigen Zehnecken halbieren. Diese sechs Zehnecke bilden wieder die Sechs-Zehneck-Wabe von Abb. 49.

Das Dodekaeder kann auch im regelmäßigen Sechseck halbiert werden; zehnmal ist das möglich. Diese zehn Sechsecke bilden die «Zehn-Sechseck-Wabe», die komplizierteste und schönste von allen (Abb. 50). Die Hülle hat zwölf Fünfecke und zwanzig Dreiecke, sie ist wieder ein Ikosidodekaeder. Die neuen Kanten von Ecke zu Ecke liegen frei in der Luft.

Es gibt noch weitere Kemper-Gebilde, die wir hier übergehen können.[5]

So wie der Träger von geometrischen Zeichnungen eine Ebene (ein Stück Papier) ist, ist der Träger der Kemper-Gebilde ein Punkt. Die Kemper-Gebilde kann man als durch Ebenen gestaltete Punkte ansehen. Es gibt also neben der gewohnten Ebenengeometrie eine ungewohnte Punktgeometrie. Beide stehen im polaren Verhältnis zueinander.

Beim Bau der Kemper-Gebilde verwendet man festeres Material, am besten dünnes Sperrholz (0,2 mm).

Abb. 48: Vier-Sechseck-Wabe

Abb. 49: Sechs-Zehneck-Wabe

Abb. 50: Zehn-Sechseck-Wabe

Geflochtene Kugeln

Die drei schönsten Kemper-Gebilde sind die Vier-Sechseck-Wabe, die Sechs-Zehneck-Wabe und die Zehn-Sechseck-Wabe. Wenn nun von diesen Kemper-Ebenen nur die Ränder realisiert werden – durch zu einem Ring gebogene farbige Streifen –, erhalten wir «geflochtene Kugeln» (Abb. 51).

Abb. 51: Geflochtene Kugeln

Durch Zusammenfügen von halbierenden regelmäßigen Flächen der platonischen Körper gelangen wir zu den Kemper-Gebilden. Jedes Kempersche Gebilde hat eine Hülle in bekannter Form. Die Kemper-Gebilde sind Vertreter einer «Punkt-Geometrie».

Es sind im Handel Ramie-Bast-Streifen von 1 cm Breite erhältlich. Für die kleine geflochtene Kugel sind vier Streifen von 10 cm Länge nötig, für die mittlere Kugel sechs Streifen von 18 cm Länge, für die große Kugel zehn Streifen von 34 cm Länge. Wir kleben sie mit jeweils 1 cm Überlappung zu Ringen zusammen und beachten dabei die Verflechtung.

Tipps: Die mittlere Kugel ist am leichtesten zu flechten. Man wird anfangs die Ringe mit Büroklammern zusammenhalten und erst zum Schluss, wenn alles stimmt, kleben.

Halbierung entlang den Kanten

Beim Halbieren der platonischen Körper haben wir bisher keine Rücksicht darauf genommen, was mit ihren Flächen passiert. Es wurden immer Flächen zerschnitten (ausgenommen wenn das Oktaeder in zwei Pyramiden geteilt wird). Man kann fragen, ob die platonischen Körper auch ohne Beschädigung ihrer Flächen halbiert werden können. Als Vorbereitung dazu sehen wir uns die längsten Raumdiagonalen an.

Wenn die Flächen der platonischen Körper beim Halbieren nicht durchschnitten werden sollen, dürfen wir nur den Kanten entlang schneiden. Das ist, von einem Fall (dem Oktaeder) abgesehen, nicht mehr in einem ebenen Schnitt möglich. Interessante «Landschaften» entstehen als Schnittflächen. Es lohnt sich, diese näher anzusehen.

Die Verbindungen zweier im platonischen Körper gegenüberliegender Ecken sind die längsten Raumdiagonalen. Sie sind zugleich die Durchmesser der jeweiligen Umkugel und spielen bei unserem Vorhaben eine entscheidende Rolle, denn sie treffen sich alle im Mittelpunkt der Körper. Jeder platonische Körper hat halb so viele Durchmesser wie Ecken (Abb. 52). Der Würfel hat 8 : 2 = 4 Durchmesser, das Oktaeder 6 : 2 = 3, das Ikosaeder 12 : 2 = 6, das Dodekaeder 20 : 2 = 10. Das Tetraeder hat, so sollte man meinen, 4 : 2 = 2 Durchmesser – aber es ist eigensinnig, es hat keine einzige Raumdiagonale, so wie das Dreieck keine Flächendiagonalen hat.

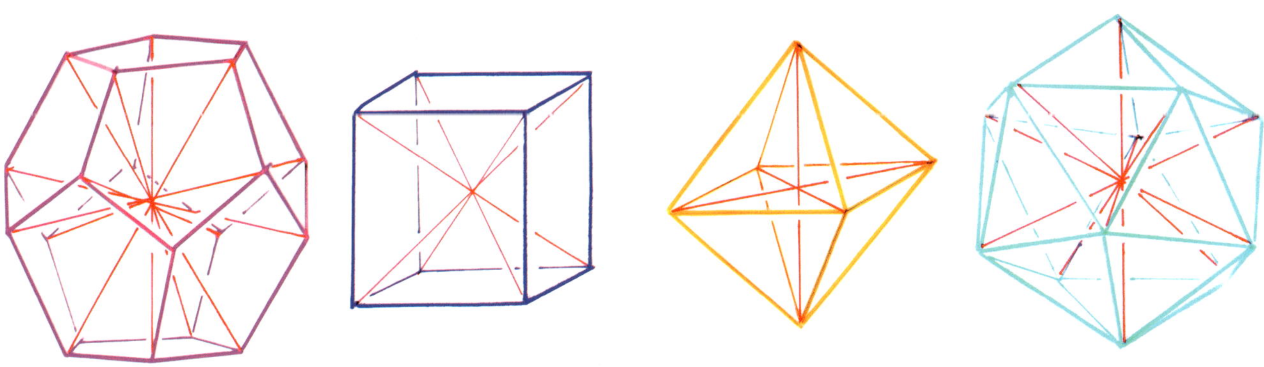

Abb. 52: Die platonischen Körper mit ihren Durchmessern

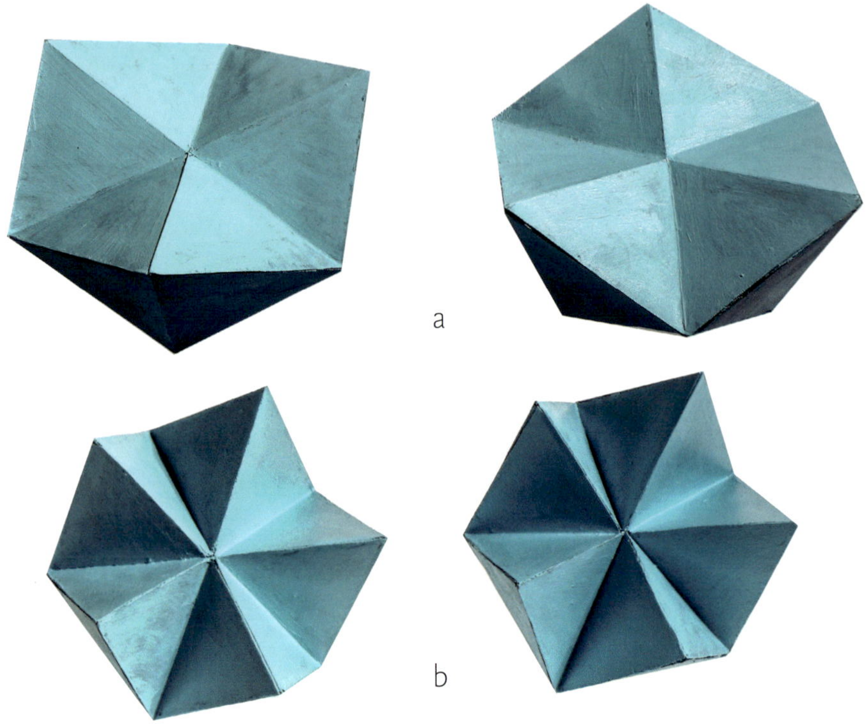

Abb. 53: Ikosaederhalbierungen

Das **Ikosaeder** kann auf zwei Arten ohne Beschädigung von Flächen halbiert werden. Bei dem auf einer *Fläche* liegenden Ikosaeder erkennen wir auf halber Höhe eine leicht gezackte Halbierungslinie. Diesem Linienzug entlang schneiden wir jeweils bis zum Mittelpunkt des Ikosaeders. Abb. 53 a zeigt das Ergebnis. Die sanfte Tal-Hügel-Landschaft hat drei Täler und drei Grate. Drei der sechs längsten Diagonalen sind beteiligt.

Bei dem auf einer *Ecke* stehenden Ikosaeder erkennen wir auf halber Höhe eine schroff gezackte Halbierungslinie. Auch diesem Linienzug entlang schneiden wir jeweils bis zum Mittelpunkt des Ikosaeders. Abb. 53 b zeigt das Ergebnis. Diesmal blicken wir in eine schroffere Gebirgslandschaft mit fünf Tälern und fünf Graten. Fünf der sechs längsten Diagonalen sind beteiligt.

In beiden Fällen entstehen gleiche Dreiecke – einmal sechs, das andere Mal zehn. Sie sind nahezu gleichseitig, aber nicht ganz, sonst lägen sie in einer Ebene.

Es gibt zwei Möglichkeiten, den **Würfel** flächenverschonend zu halbieren (Abb. 54). Bei der oberen Teilung (a) entstehen auf jeder Hälfte

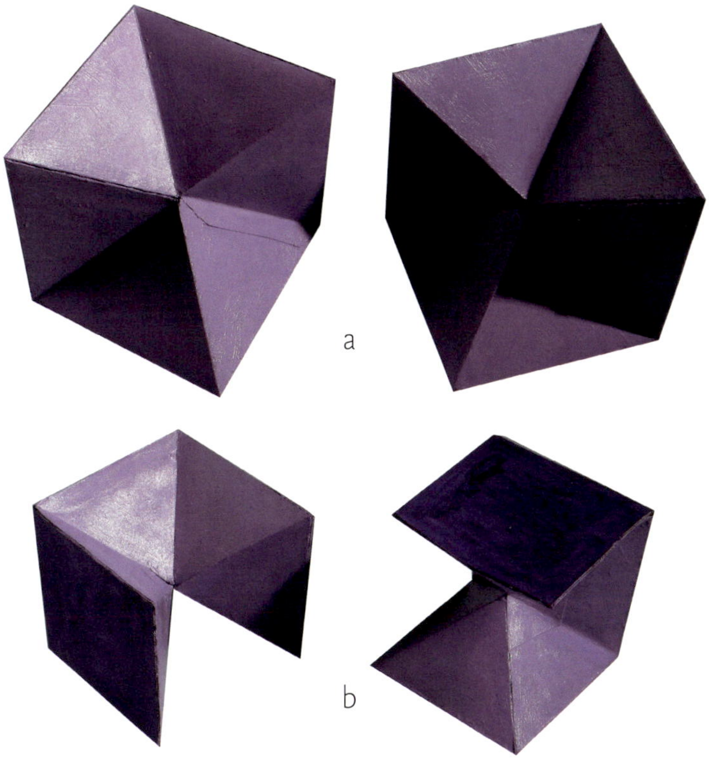

Abb. 54: Würfelhalbierungen

drei Täler und drei Grate. Jedes Tal über den Mittelpunkt hinaus verlängert gibt einen Grat. Beide Tal- und Gratkanten zusammen ergeben eine der vier Raumdiagonalen des Würfels. Es werden drei der vier möglichen Raumdiagonalen verwendet.

Bei der unteren Würfelteilung (b) fahren die beiden Hälften schubladenartig ineinander. Hier werden alle vier Raumdiagonalen verwendet, wieder jeweils zur Hälfte als Tal und zur Hälfte als Grat.

In beiden Teilungen sind um den Mittelpunkt herum lauter gleiche Winkel zu sehen, denn die entstehenden Dreiecke sind alle gleicher Art. Sie bestehen aus einer Kantenlänge des Würfels und zwei halben Raumdiagonalen. Im ersten Fall gibt es sechs solche Dreiecke und im zweiten Fall acht.

Das **Oktaeder** lässt sich, wie wir wissen, einfach ohne Beschädigung der Flächen in einem ebenen Quadrat halbieren. Diese Tatsache haben wir beim Bau des Körpers verwendet. Die beiden Teile sind vierseitige Pyramiden. Das Oktaeder ist der einzige platonische Körper, bei dem die Halbierung den Kanten entlang in einem ebenen Schnitt möglich ist (Abb. 55 a).

Die platonischen Körper lassen sich alle auch ohne Beschädigung der Flächen halbieren. Die Schnittflächen sind mit einer Ausnahme keine Ebenen mehr, sondern reizvolle «Hügellandschaften».

An dem auf einer *Ecke* stehenden Dodekaeder finden wir auf halber Höhe einen eigenartigen Linienzug, der horizontal liegende Dodekaederkanten oberhalb und unterhalb der Mitte verbindet. Diesem Linienzug entlang in gewohnter Weise geschnitten führt zu einer neuartigen Landschaft (Abb. 57 b) mit jeweils drei geneigten Hoch- und Talflächen, verbunden durch steile Flanken. Sechs der zehn längsten Durchmesser des Dodekaeders gestalten die sonderbare Landschaft.

Schließlich lässt das Dodekaeder auf einer *Ecke* stehend noch eine weitere, dritte Halbierung zu. An dieser Variante sind neun der zehn Durchmesser beteiligt. Es entsteht eine wilde Landschaft mit sechs Überhängen. Diese verhindern, dass ein gleiches Gegenstück abgetrennt werden kann. Die beiden Teile sind ineinander verhakt. Abb. 57 c zeigt eine solche Hälfte.

Alle diese Halbierungen sind nach den vorliegenden Abbildungen leicht nachzubauen.

In allen drei Fällen entstehen wieder gleiche Schnittdreiecke, im ersten zehn, im zweiten zwölf, im dritten achtzehn. Sie sehen fast wie goldene Dreiecke aus, es sind aber leider keine. Wenn es goldene Dreiecke wären, lägen sie im Fall a mit ihren 36° an der Spitze in einer Ebene.

Die platonischen Körper aus Pyramiden

Die letzte Teilung des Dodekaeders, die sich nicht auseinandernehmen lässt, weist uns auf eine bisher nicht beachtete Tatsache hin: Deutlich erkennt man fünfseitige Pyramiden, die zu sechs Stück zusammengestellt das halbe und zu zwölf Stück das ganze Dodekaeder bilden. Das Dodekaeder kann also aus zwölf fünfseitigen Pyramiden aufgebaut werden.

Wenn wir in den letzten Abbildungen nachsehen, bemerken wir, dass bei allen platonischen Körpern der Aufbau aus entsprechenden Pyramiden möglich ist. Die Grundfläche der Pyramiden ist jeweils eine Fläche des entsprechenden Körpers. Die Spitzen der Pyramiden treffen sich alle im Mittelpunkt des Körpers.

Für ein Tetraeder benötigen wir also vier dreiseitige Pyramiden, für einen Würfel sechs vierseitige, für das Oktaeder acht dreiseitige, beim Dodekaeder zwölf fünfseitige und beim Ikosaeder zwanzig dreiseitige. Die Pyramiden müssen jeweils die richtige Höhe erhalten. Diese bekommen wir durch Kanten, die von der Basis zur Spitze der Pyramide immer den Radius der jeweiligen Umkugel haben. Die Höhen und damit die Steilheit der einzelnen Pyramiden sind sehr verschieden (Abb. 58).

Das so spitzige **Tetraeder** besteht aus auffallend flachen Pyramiden. Die sie bildenden Dreiecke scheinen stumpfwinklige goldene Dreiecke zu sein. Wenn man sie genauer untersucht, bemerkt man, dass diese Vermutung leider nicht stimmt, es sind nur fast goldene Dreiecke. Der Radius der Umkugel ist beim Tetraeder a · 0,612, der goldene Schnitt a · 0,618. Der Unterschied macht sich also erst in der dritten Stelle hinter dem Komma bemerkbar, was unter 1 % liegt.

Das der Kugel am nächsten kommende **Dodekaeder** ist aus sehr spitzen Pyramiden aufgebaut. Wieder könnte man annehmen, es handle sich hier um goldene Dreiecke. Aber wieder kann man feststellen, dass es sich um keine genauen goldenen Dreiecke handelt. Der Radius der Umkugel ist beim Dodekaeder a · 1,40, der goldene Schnitt a · 1,62, der Unterschied beträgt also etwa 13 %.

Abb. 58: Die platonischen Körper mit jeweils einer herausgenommenen Pyramide

Abb. 59: Die platonischen Körper aus Pyramiden ohne Böden

Alle platonischen Körper können aus Pyramiden aufgebaut bzw. in solche zerlegt werden. Tetraeder, Oktaeder und Ikosaeder werden aus dreiseitigen Pyramiden verschiedener Höhe aufgebaut, der Würfel aus vierseitigen Pyramiden, das Dodekaeder aus fünfseitigen.

Die Pyramiden des **Ikosaeders** sehen sehr regelmäßig aus. Der Radius der Umkugel ist beim Ikosaeder a · 0,95. Der Unterschied zur Kante beträgt also 5 %.

Den Pyramiden des **Würfels** kann man es ansehen, dass sie weder aus rechtwinkligen noch aus gleichseitigen Dreiecken aufgebaut sind. Der Radius der Umkugel ist beim Würfel a · 0,87, der Unterschied zur Kante beträgt also 13 %.

Immer wieder mussten wir feststellen, dass eine geringe Abweichung von einer schönen Ordnung vorlag. Es fehlt aber noch das **Oktaeder**. Dieses tanzt aus der Reihe, es ist aus exakten gleichschenklig-rechtwinkligen Dreiecken aufgebaut, aus Würfelecken.

Man kann alle fünf platonischen Körper auch aus ihren Pyramiden ohne Böden aufbauen. Dann hat man den Körpern alle Flächen weggenommen, die Ecken und die Kanten sind geblieben, die Pyramidenflächen sind doppelt belegt (Abb. 59). Wir haben keine Körper mehr, aber Gebilde, ähnlich den Kemper-Gebilden, ohne Volumen. Das Ergebnis vom Oktaeder kennen wir schon als kleine Drei-Quadrat-Wabe (Abb. 46, S. 62).

Durchdringungen polarer platonischer Körper

Im Kapitel «Gäste in den platonischen Körpern» (S. 47 ff.) lautete die Frage immer: Wie passt das eine Gebilde in das andere hinein bzw. wie umhüllt das andere Gebilde das eine? Stets wurde ein Körper vollkommen von einem anderen aufgenommen, was nur möglich ist, wenn der äußere Körper hohl ist.

Jetzt wenden wir uns *Durchdringungen* von zwei hohlen Körpern zu. Dabei wird jeweils ein Raumteil beiden Körpern gemeinsam angehören. Es entstehen einspringende Kanten. Die Durchdringungskörper sind nicht mehr konvex.

Durchdringung Tetraeder – Tetraeder

Wir wissen von unserer Schachtelung, dass das Tetraeder in zweierlei zueinander um 90° gedrehten Lagen im Würfel sitzen kann. Es können also auch zwei gleich große Tetraeder zugleich im Würfel Platz finden, wenn sie sich gegenseitig durchdringen (Abb. 60). Diese zwei um 90° zueinander verdrehten, sich gegenseitig durchdringenden Tetraeder bilden den uns schon bekannten ersten Keplerstern (Abb. 24 c, S. 42).

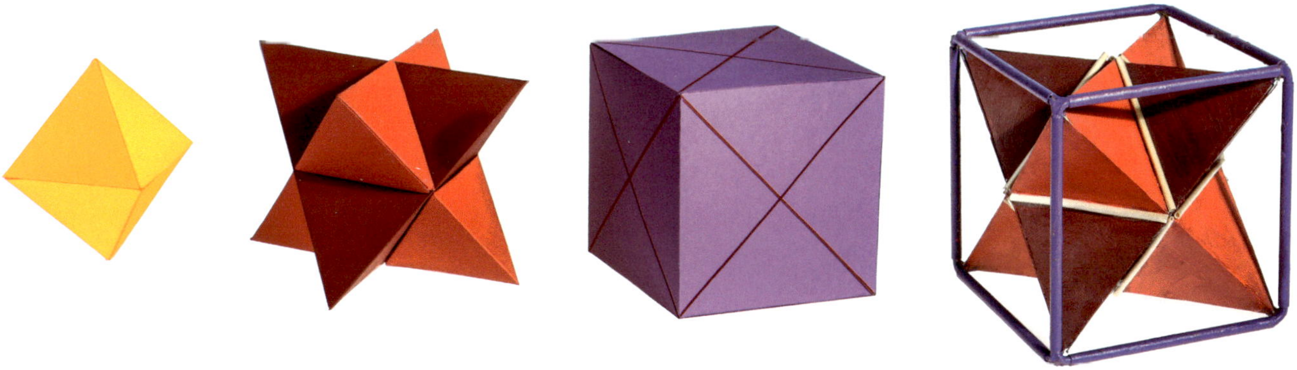

Abb. 60: Der erste Keplerstern mit dem Oktaeder als Kern links und dem Würfel als Hülle rechts

Dieser Stern aus zwei Tetraedern passt so wie ein einzelnes Tetraeder genau in einen Würfel hinein. Die acht Zacken sitzen in den acht Würfelecken. Ein Würfel umschließt den ersten Keplerstern, er ist seine Hülle.

Falls die beiden sich durchdringenden Tetraeder hohl sind und ein Zwerglein darin eingesperrt wäre, würde es von den Zacken nichts bemerken und sich in einem Oktaeder wähnen. Die Kanten dieses Oktaeders erkennt man von außen als einspringende Kanten. Anders ausgedrückt: Würde man dem Keplerstern alle Zacken abschneiden, bliebe ein Oktaeder übrig. Man nennt das Oktaeder im ersten Keplerstern auch dessen «Kern». Durchdringungen haben außer der Hülle wie die Kemper-Gebilde auch einen Kern.

Wir haben erkannt: Zwei sich durchdringende Tetraeder passen in einen Würfel und umschließen innen ein Oktaeder vollständig. In Kurzform: Der Kern des ersten Keplersterns ist ein Oktaeder, die Hülle ein Würfel. Kern und Hülle sind polar zueinander. Wir werden bei den weiteren Durchdringungen stets nach Kern und Hülle fragen. Dabei setzen wir voraus, dass die Flächen der sich gegenseitig durchdringenden Körper durchgehend existieren, auch dort, wo sie von außen nicht sichtbar sind.

Durchdringung Würfel – Oktaeder

Wir haben mit den beiden zu sich selbst polaren Tetraedern eine erste Durchdringung kennengelernt. Nun wollen wir Ähnliches mit dem polaren Paar Würfel – Oktaeder versuchen. Dazu müssen diese beiden Körper in die richtige Größe gebracht werden. Das ist erreicht, wenn gegenüberliegende Kanten der beiden Körper gleichen Abstand haben, d.h. wenn sie gleich große Kantenkugeln haben. Ist diese Bedingung erfüllt, können wir es genauso machen wie mit den beiden Tetraedern: Wir lassen die Körper sich gegenseitig so durchdringen, dass die Kanten sich in ihren Mitten rechtwinklig treffen (Abb. 61). Dieser Durchdringungskörper kann kaum noch ein «Stern» genannt werden – die Zacken sind nicht spitz genug und unterschiedlicher Art –, aber interessant und schön ist es doch.

Den Kern dieses Durchdringungskörpers können wir so wie beim Keplerstern an den einspringenden Kanten erkennen. Wir zählen sechs Quadrate und acht Dreiecke (Abb. 62 links), es ist also ein uns bekannter Kuboktaeder (Abb. 21 f, Fotos S. 36 und 46).

Um die Hülle herauszubekommen, müssen wir uns wieder vorstellen, das Gebilde solle so eng wie möglich verpackt werden. Das Packpapier wird dann von den vierzehn (6 + 8) herausragenden Ecken aufgespannt. Dabei bilden sich ebene Rhomben, unter denen die verschieden langen Kanten der beiden Körper liegen. Die Kanten der zwei sich durchdringenden Körper sind die Diagonalen in den Rhomben. Beide Köper haben je zwölf Kanten, daher entsteht beim Verpacken ein Zwölf-Rhomben-Körper, auch «Rhombendodekaeder» genannt (Abb. 62 rechts). Das

Abb. 61: Durchdringung von Würfel und Oktaeder

Abb. 62: Würfel-Oktaeder-Durchdringung, Kuboktaeder als Kern (links), Rhombendodekaeder als Hülle (rechts)

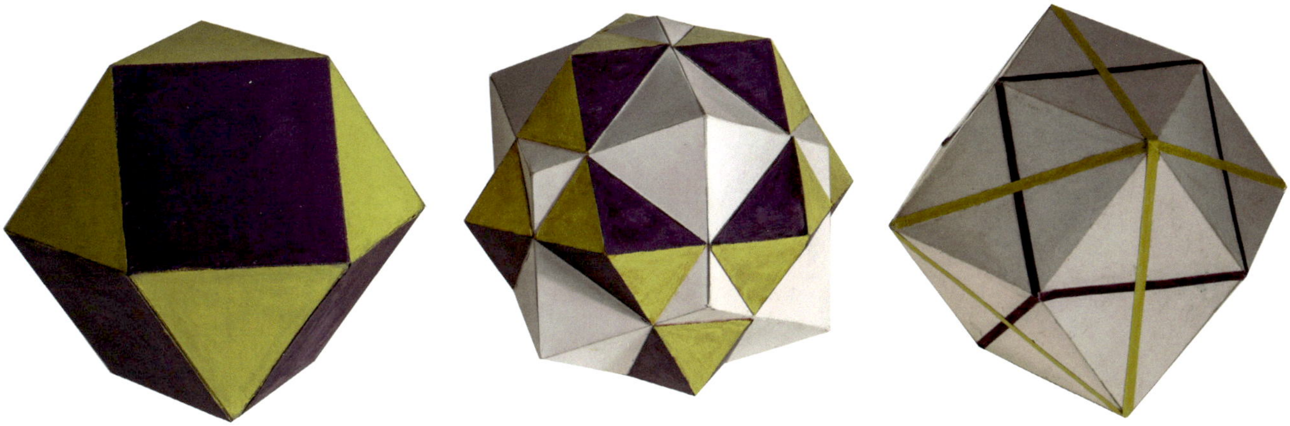

Abb. 63: Kuboktaeder und Rhombendodekaeder, sich gegenseitig durchdringend

Packpapier ist in der Abbildung weiß dargestellt, die innen anliegenden Kanten sind als Diagonalen in ihren Farben markiert. Die Diagonalen der Rhomben stehen im Verhältnis 1 : $\sqrt{2}$ (1 : 1,41) zueinander. Die Kanten der Rhomben sind jeweils von Würfelecke zu Oktaederecke durch die Luft gespannt und sind alle gleich lang. Als Rhombendodekaeder kristallisiert der Edelstein Granat.

Kern und Schale der beiden sich durchdringenden Tetraeder sind polar zueinander. So können wir erwarten, dass auch das Kuboktaeder und das Rhombendodekaeder zueinander im polaren Verhältnis stehen. Wir wollen dies prüfen: Am Kuboktaeder sind sechs viereckige Flächen, und wir finden, diesen entsprechend, am Rhombendodekaeder sechs vierflächige Ecken. Außerdem haben wir am Kuboktaeder acht dreieckige Flächen und finden, diesen entsprechend, am Rhombendodekaeder acht dreiflächige Ecken. Umgekehrt hat das Rhombendodekaeder lauter gleiche (aber nicht mehr regelmäßige) Flächen, und das Kuboktaeder hat lauter gleiche (aber nicht mehr regelmäßige) Ecken. Beide haben 24 gleich lange Kanten. Also sind Hülle und Kern auch hier wieder polar zueinander. Auch nicht-platonische Körper können polar zueinander sein.

Die beiden neuen Körper sind nicht ganz regelmäßige Körper und gehören zur Gruppe der archimedischen bzw. catalanischen Körper, die wir beide noch näher betrachten werden (S. 118 ff. bzw. 128 ff.). Bei ihnen gilt, wie leicht nachzuprüfen ist, die Euler-Formel.

Es könnte von Interesse sein, was geschieht, wenn wir die beiden neu gefundenen polaren Körper, also Kuboktaeder und Rhombendodekaeder, auf die entsprechenden Größen bringen und sich wieder gegenseitig mit rechtwinklig kreuzenden Kanten durchdringend vereinigen. Abb. 63 zeigt das Ergebnis: Nur die Kuboktaederkanten werden in der Mitte geteilt, die Rhombenkanten nicht.

Kern und Hülle sind wieder polar zueinander, aber weder archimedisch noch catalanisch. Man könnte diese beiden exotischen Körper wieder sich durchdringend und Kanten kreuzend vereinigen. Wir wollen es aber gut sein lassen und uns den beiden goldenen Körpern zuwenden.

Durchdringung Dodekaeder – Ikosaeder

Die polaren Dodekaeder und Ikosaeder mit ihren jeweils dreißig Kanten laden ebenfalls zu gegenseitiger Durchdringung ein. Gleich große Kantenmittenkugeln vorausgesetzt, lassen sich diese beiden Körper ebenso ineinanderstecken, wie wir das mit Würfel und Oktaeder gemacht haben. Die Kanten treffen, ebenfalls sich gegenseitig halbierend, in rechten Winkeln aufeinander (Abb. 64).

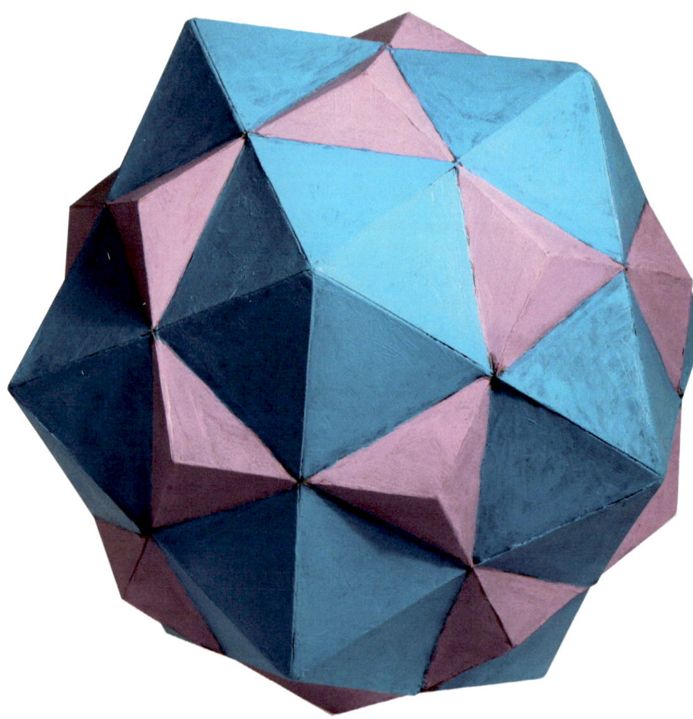

Abb. 64: Durchdringung Dodekaeder und Ikosaeder

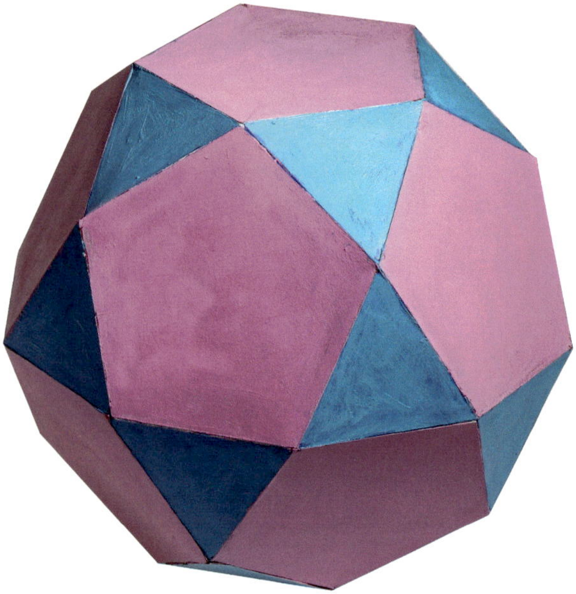

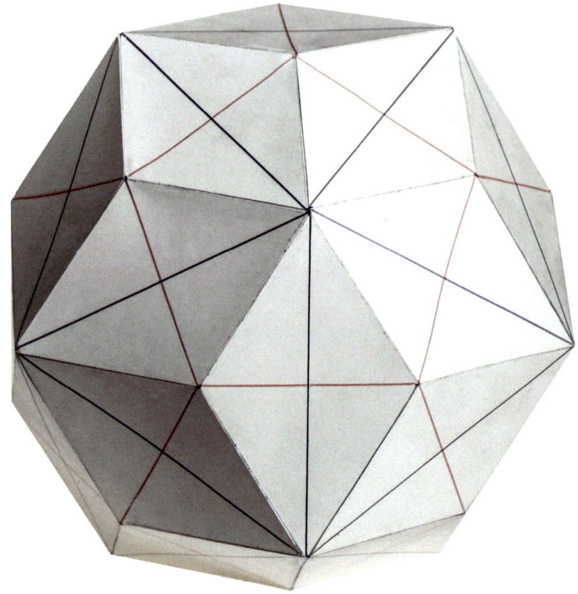

Abb. 65: Ikosidodekaeder
Abb. 66: Dreißig-Rhomben-Körper

Der Kern ist hier wieder an den einspringenden Kanten abzulesen. Es ist ein Gebilde aus regelmäßigen Fünfecken und regelmäßigen Dreiecken, ein archimedischer Körper. Wir kennen ihn schon als Ikosidodekaeder (Abb. 65 und 26 e, S. 45).

Die Hülle ist ein Dreißig-Rhomben-Körper. Seine Flächendiagonalen stehen im Verhältnis des goldenen Schnittes (Abb. 66).

Die Polarität zwischen dem Dreißig-Rhomben-Körper und dem Ikosidodekaeder lässt sich leicht feststellen: Das archimedische Ikosidodekaeder hat zwanzig regelmäßige Dreiecke und zwölf regelmäßige Fünfecke, der Dreißig-Rhomben-Körper hat zwanzig regelmäßige dreiflächige Ecken und zwölf regelmäßige fünfflächige Ecken. Der Dreißig-Rhomben-Körper hat lauter gleiche Rhomben als Flächen, das Ikosidodekaeder hat dreißig gleiche Ecken. Beide Körper haben sechzig gleich lange Kanten. Auch diese beiden Körper können sich gegenseitig durchdringen (Abb. 67).

Der Würfel kann als ein Sonderfall unter den Rhombenkörpern aufgefasst werden, denn seine quadratischen Flächen können als Spezialfall von Rhomben mit vier gleichen (rechten) Winkeln angesehen werden. Wir können also sagen, dass alle drei eben betrachteten Hüllen Rautenkörper sind.

Das Oktaeder kann als ein «entecktes» Tetraeder aufgefasst werden,

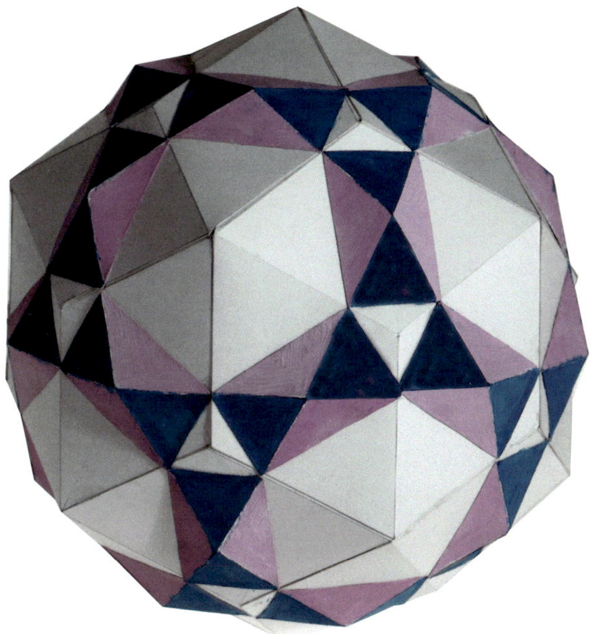

Abb. 67: Durchdringung Ikosidodekaeder und Dreißig-Rhomben-Körper

das Kuboktaeder als ein «entecktes» Oktaeder oder Würfel und das Ikosidodekaeder als ein «entecktes» Ikosaeder oder Dodekaeder. Wir können also sagen, dass alle drei eben betrachteten Kerne «enteckte» platonische Körper sind.

Polare platonische Körper mit gleich großer Kantenkugel konnen, sich durchdringend, zusammengefügt werden. Dabei treffen die Kanten im rechten Winkel aufeinander, sich gegenseitig halbierend. Hülle und Kern dieser Durchdringungen sind polar zueinander.
Die Durchdringung Tetraeder – Tetraeder (erster Keplerstern) hat als Kern ein Oktaeder, als Hülle einen Würfel. Die Durchdringung Würfel – Oktaeder hat als Kern das Kuboktaeder, als Hülle den Zwölf-Rhomben-Körper. Die Durchdringung Dodekaeder – Ikosaeder hat als Kern das Ikosidodekaeder, als Hülle den Dreißig-Rhomben-Körper.

Alle diese Durchdringungen mit Kern und Schale sind nach den Abbildungen relativ leicht nachzubauen. Die dazu nowendigen Kenntnisse finden sich im Text.

Platonische Zwillingspaare

Bisher haben wir polare platonische Körper sich durchdringen lassen. Es können sich aber auch zwei gleiche Körper in gleicher Größe gegenseitig durchdringen. Dabei sorgen wir wieder dafür, genau wie bei polaren Körpern, dass zwei Kanten rechtwinklig kreuzend sich gegenseitig halbieren. Abb. 68 zeigt die Ergebnisse.

Der **Tetraederzwilling** (Abb. 68 a) ist wieder der uns bekannte erste Keplerstern (Abb. 24 c, S. 42, und Abb. 60, S. 73), alle Kanten kreuzen sich im rechten Winkel.

Der **Würfelzwilling** (Abb. 68 b) und der **Oktaederzwilling** (Abb. 68 c) sind erstaunlich komplizierte Durchdringungen. Zwar schneiden sich jeweils alle zwölf Kanten, aber nur zwei gegenüberliegende davon halbieren sich gegenseitig im rechten Winkel.

Abb. 68 (S. 82/83): Die fünf platonischen Zwillingspaare

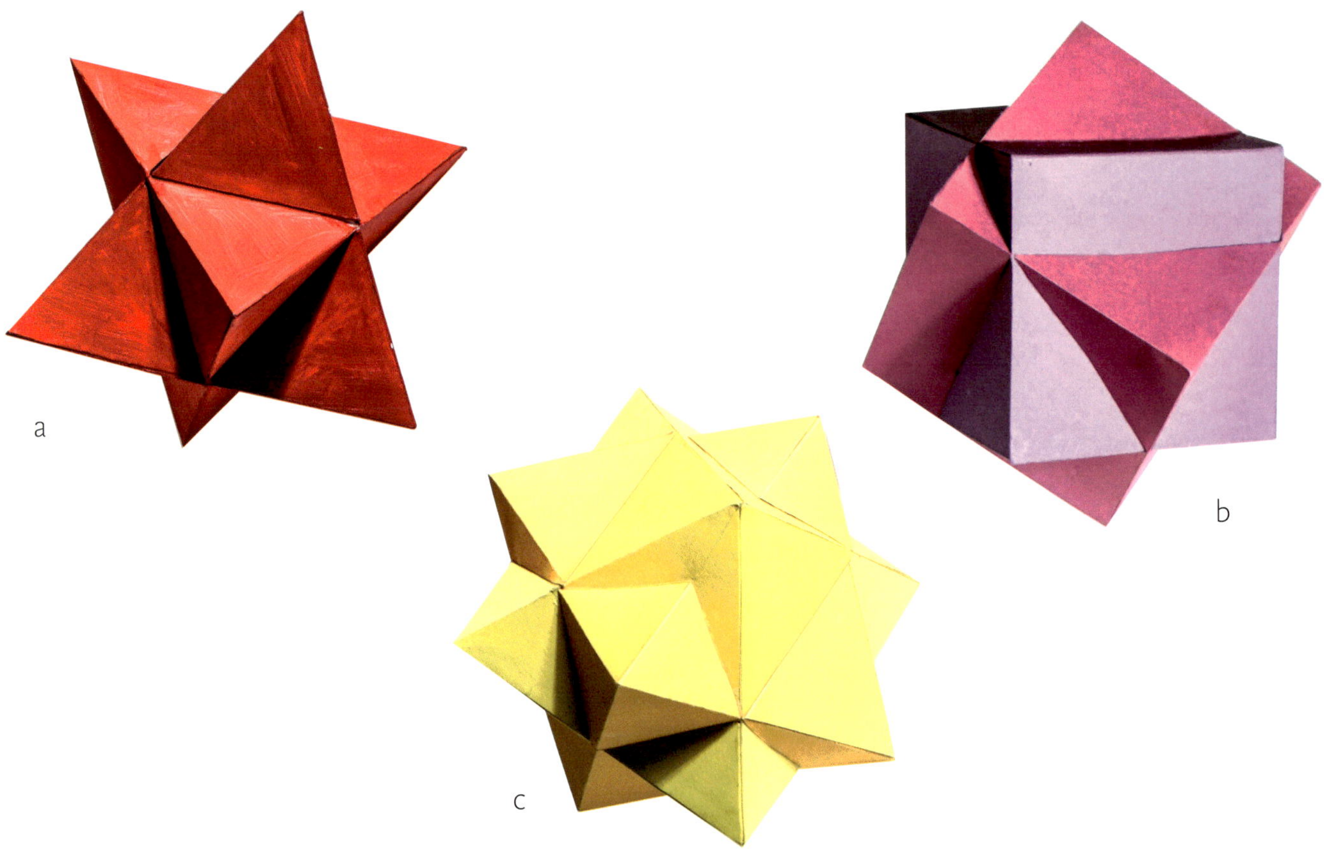

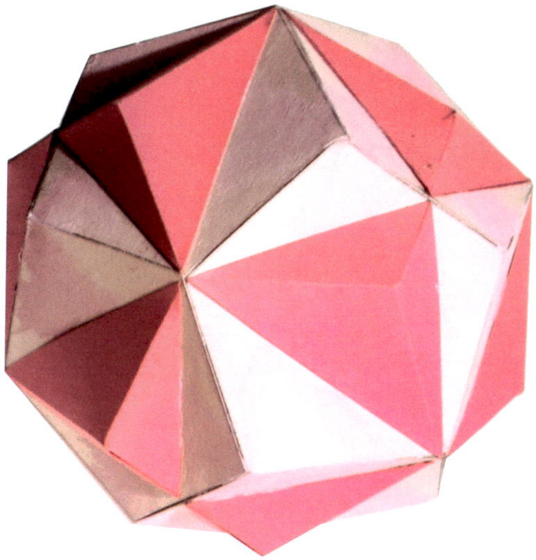

d

e

Der **Dodekaederzwilling** (Abb. 68 d und Foto S. 84) ist eine harmonische Kombination: Von den jeweils dreißig Kanten schneiden sich sechs, sich gegenseitig halbierend, im rechten Winkel. Die 24 übrigen, daran nicht beteiligten Kanten treffen sich in acht Ecken, die einen Würfel bilden. An jeder solchen Ecke finden sich jeweils sechs stumpfe goldene Dreiecke, insgesamt also 48.

Entsprechend hat der polare **Ikosaederzwilling** (Abb. 68 e) auch sechs rechtwinklig halbierende Kantenkreuze und acht gemeinsame Flächenteile; dies sind harmonische Sechsecke, hier grau gefärbt. Goldene Dreiecke entstehen nicht.

Der Tetraederzwilling und der schöne Dodekaederzwilling sind leicht zu bauen.

Aus den platonischen Körpern lassen sich Zwillingspaare bilden. Sich gegenseitig in rechten Winkeln halbierende Kanten gibt es beim Tetraeder sechs, bei Würfel und Oktaeder je zwei und bei Dodekaeder und Ikosaeder wieder je sechs.

Bündel platonischer Körper

Nachdem wir erfahren haben, wie zwei Tetraeder durch ihre gegenseitige Durchdringung die beiden irdenen Körper (Oktaeder und Würfel) als Kern und Schale miteinander verbinden können und dabei selbst zu einem achtzackigen Stern werden (Abb. 60, S. 73), taucht die Frage auf, ob Tetraeder auch mit den beiden goldenen Körpern (Dodekaeder und Ikosaeder) etwas Ähnliches bewirken können. Es geht, aber es wird komplizierter.

Der Fünf-Tetraeder-Stern

Wir gehen vom Dodekaeder als Hüllkörper aus. Von Abb. 32 (S. 50) und der Schachtelung mit weggelassenem Würfel wissen wir, dass das Tetraeder auch in das Dodekaeder hineinpasst. Die Frage ist, wie viele sich gegenseitig durchdringende Tetraeder in einem Dodekaeder Platz haben. Der Kontakt der zwei Körper geht über die Ecken. Ein Tetraeder hat vier Ecken, und das Dodekaeder bietet zwanzig Ecken zum Festhalten an. Daraus folgt, dass fünf Tetraeder (20 : 4 = 5) in einem Dodekaeder platziert werden können, falls sie sich gegenseitig durchdringen. Wir sind damit auf einen neuen, zusammengesetzten Körper gestoßen, auf den Fünf-Tetraeder-Stern oder Tetraederfünfling (Abb. 69 und Foto S. 88). Die Tetraederkanten sind die kürzesten Raumdiagonalen des Dodekaeders. Die Länge dieser Kanten lässt sich berechnen auf dem Umweg über den Würfel: Dodekaederkante mal 1,62 (goldener Schnitt) und dann mal 1,41 ($\sqrt{2}$), insgesamt also Dodekaederkante mal 2,28 (gerundet).

Am Dodekaeder finden wir zu den Ecken eines innenliegenden Tetraeders, indem wir von einer beliebigen Dodekaederecke ausgehend eine beliebige Kante entlangwandern bis zur nächsten Ecke. Hier ist eine Gabelung, und wir müssen uns entscheiden, ob wir links oder rechts auf der nächsten Kante weiterwandern. Wie wir uns auch entschieden haben, wir kommen an das Ende einer zweiten Kante. Hier müssen wir in der der ersten Wahl entgegengesetzten Richtung weitergehen. Das Ende der dritten Kante ist ein weiterer Eckpunkt des eingeschlossenen Tetraeders. Je nachdem, ob wir zuerst links und dann rechts gehen oder umgekehrt, finden wir zwei verschiedene Tetraeder,

Abb. 69: Der Fünf-Tetraeder-Stern: linksdrehend und rechtsdrehend

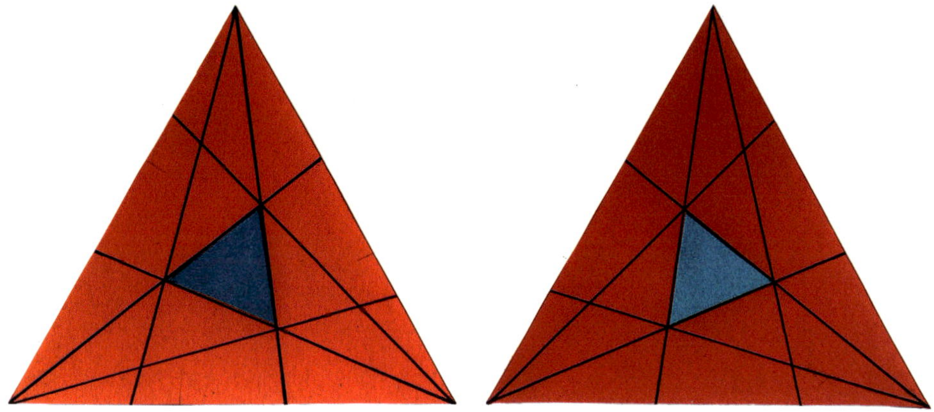

Abb. 70: Die Schlüssel für die beiden Fünf-Tetraeder-Sterne

die aber den Ausgangspunkt gemeinsam haben. Daraus folgt: Es gibt zwei Fünf-Tetraeder-Sterne, die sich in ihrer «Drehrichtung» unterscheiden (Abb. 69).

Wir sind also wieder bei Durchdringungen, diesmal nicht von zwei gleichen oder polaren Körpern, sondern von *fünf* gleichen platonischen Körpern. Die Hülle dieser Durchdringung ist das Dodekaeder, von dem wir ausgingen. Und der Kern? Zur Erinnerung: Die Flächen sind alle durchgehend, die Körper hohl. Der Kern ist nicht so leicht zu erkennen wie beim ersten Keplerstern. Die Kanten der Tetraeder bleiben nicht an der Oberfläche, sie tauchen teilweise ins Innere ein. Folgende Überlegung hilft uns weiter: Der Kern wird gebildet durch Flächenteile von fünf Tetraedern mit je vier Seitenflächen. Daher muss der Kern aus $5 \cdot 4 = 20$ Flächenteilen aufgebaut sein. Es liegt also nahe, das Ikosaeder als Kern zu vermuten, aber Gewissheit haben wir damit noch nicht.

Um Gewissheit zu bekommen, dass eine Seitenfläche des Kerns ein gleichseitiges Dreieck ist, zeichnen wir ein Dreieck des Fünf-Tetraeder-Sterns und tragen die Schnittgeraden mit den anderen Dreiecken des Sterns ein. Sie gehen jeweils von einer Dreiecksecke aus und treffen die gegenüberliegende Dreiecksseite im goldenen Schnitt (Abb. 70). Wir sehen, wie im Inneren der Zeichnung tatsächlich ein gleichseitiges Dreieck übrig bleibt und wissen nun: Der Kern des Fünf-Tetraeder-Sterns ist ein Ikosaeder. Wieder sind Hülle und Kern zueinander polar.

Wir vervollständigen die Konstruktion von Abb. 70 durch Ziehen aller Geraden von den äußeren Dreiecksecken über die Ecken des inneren Dreiecks und nennen sie den «Schlüssel». Darunter verstehen wir die Zeichnung der Schnittkanten auf einer Körperfläche.

Zum Bau des Fünf-Tetraeder-Sterns ist die Konstruktion der Abb. 70 sehr hilfreich.

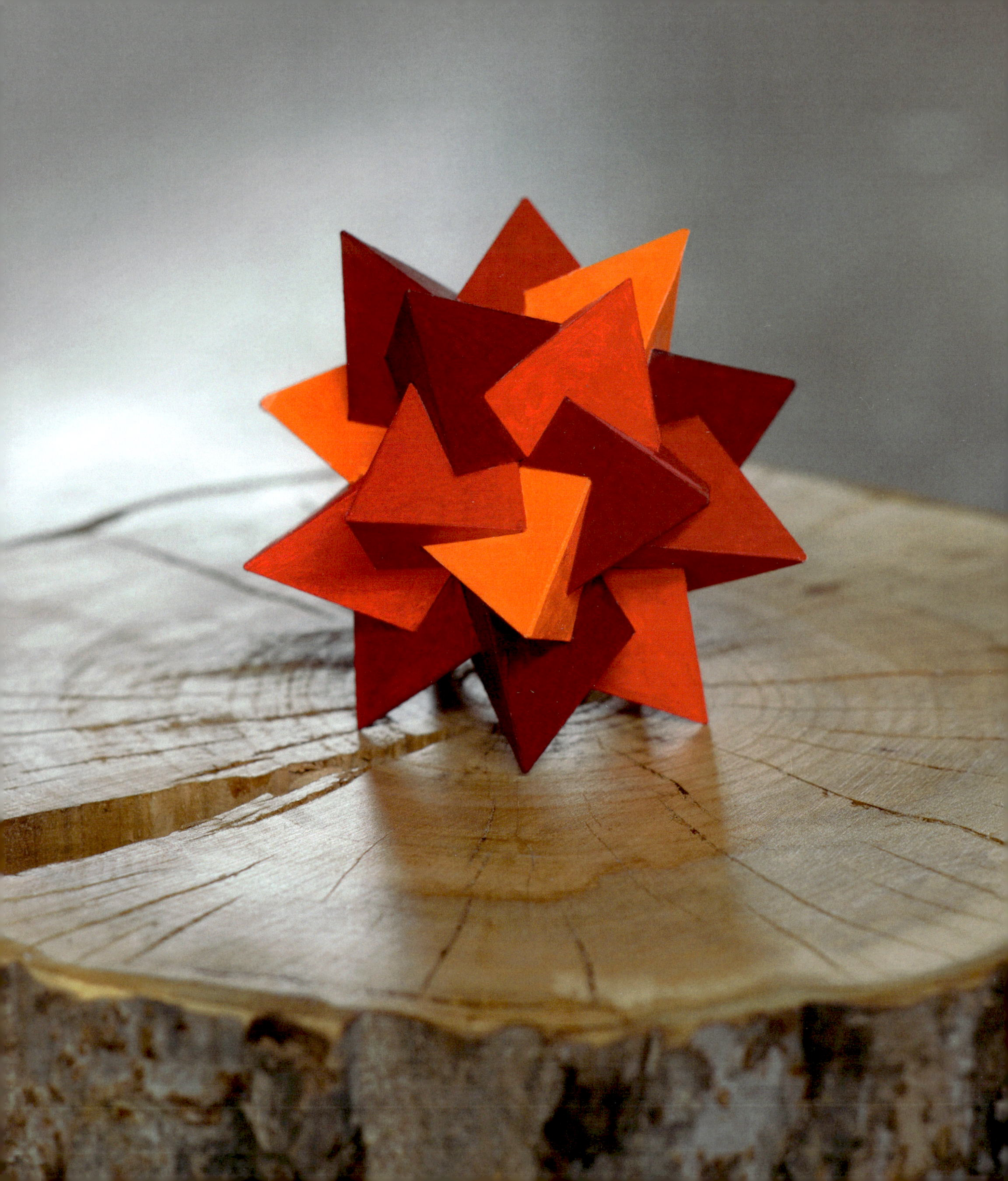

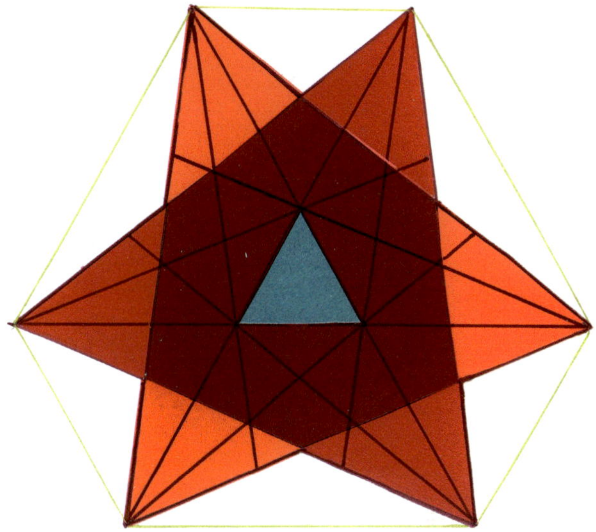

Abb. 71: Zehn-Tetraeder-Stern

Abb. 72: Schlüssel für den Zehn-Tetraeder-Stern

Wir erkennen in Abb. 70 die beiden Drehrichtungen. Das bestätigt noch einmal, dass sich fünf Tetraeder in zwei zueinander verschiedenen Lagen um ein Ikosaeder scharen können.

Die beiden möglichen Fünf-Tetraeder-Sterne lassen sich, sich durchdringend, in ein Dodekaeder setzen. Das ergibt den Zehn-Tetraeder-Stern (Abb. 71). Jeweils zwei Dreiecke, von jedem Fünf-Tetraeder-Stern eines, liegen etwas gegeneinander verdreht zusammen in einer Ebene. In dieser Abbildung ist der eine Stern etwas heller rot und der andere etwas dunkler rot gefärbt. Der doppelt liegende Bereich ist stark dunkel gefärbt.

Abb. 72 zeigt den Schlüssen für den Zehn-Tetraeder-Stern, die Kombination der beiden Schlüssel von Abb. 70. Der dunkle Bereich hat die Form eines harmonischen Sechsecks; wenn man die Ecken verbindet, entsteht außen herum ein goldenes Sechseck (Abb. 12 b, S. 19).

Der Kern des Zehn-Tetraeder-Sternes ist ein Ikosaeder, denn die beiden Kerndreiecke liegen aufeinander (Abb. 72). Es hat sich gegenüber den Fünf-Tetraeder-Sternen nichts verändert. Die Hülle ist ein Dodekaeder, wie man in Abb. 71 erkennen kann.

Der Fünf-Würfel-Körper

Nach diesem Erfolg stellt sich die Frage, ob sich Entsprechendes auch mit dem Würfel machen lässt. Wir wissen von unserer Schachtelung, dass im Dodekaeder ein Würfel stecken kann. Dieser Würfel sitzt mit seinen Ecken in Dodekaederecken, und seine Kanten liegen in den Dodekaederflächen, Pentagramme bildend. Das Dodekaeder hat zwölf Flächen und der Würfel zwölf Kanten, die Sache geht auf. In jeder Dodekaederfläche sitzt also eine Würfelkante als Fünfeckdiagonale. Weil jede Dodekaederfläche fünf Diagonalen (Pentagramme) hat, muss im Dodekaeder Platz für fünf sich gegenseitig durchdringende Würfel sein.

Das heißt, es gibt im Dodekaeder einen Fünf-Würfel-Körper (Abb. 73). Es fällt auf, dass die Dodekaederecken jeweils doppelt, also von zwei Würfeln, besetzt sind. Das braucht uns nicht zu wundern, denn fünf Würfel haben zusammen $5 \cdot 8 = 40$ Ecken. Das Dodekaeder hat aber nur zwanzig Ecken, also muss jede Ecke doppelt belegt werden.

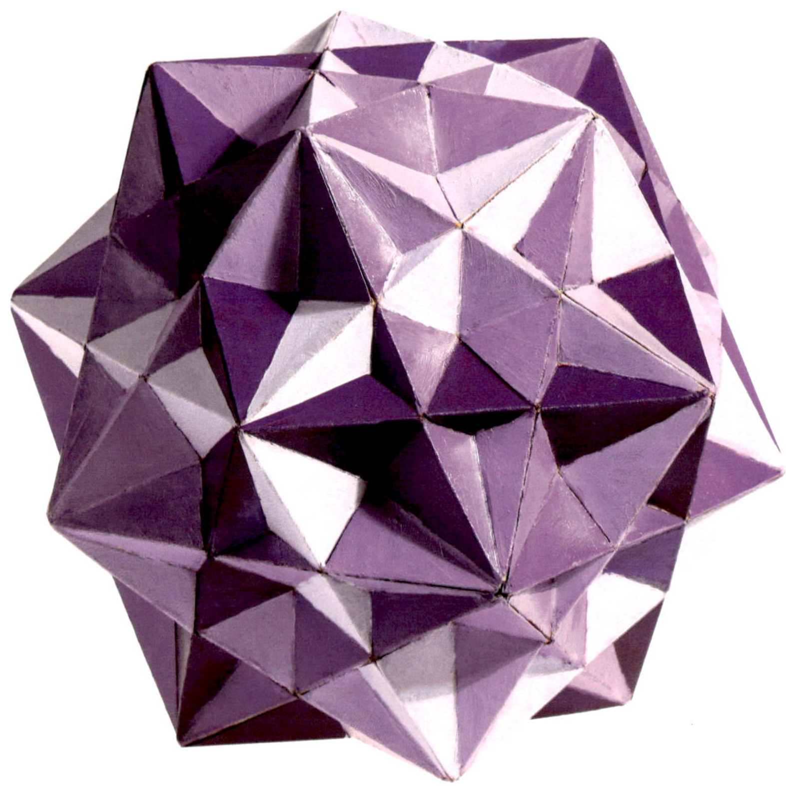

Abb. 73: Der Fünf-Würfel-Körper

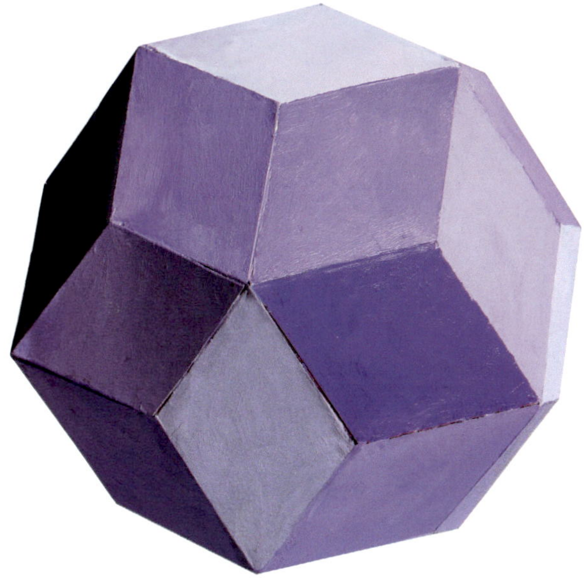

Abb. 74: Schlüssel für den Fünf-Würfel-Körper

Abb. 75: Der Dreißig-Rhomben-Körper als Kern vom Fünf-Würfel-Körper

Der Fünf-Würfel-Körper hat außen 360 kleine Teilflächen, also fast so viele wie das Jahr Tage hat. Einen Stern kann man diesen schönen Körper wohl nicht nennen.

Die Hülle dieses Fünf-Würfel-Körpers ist das Dodekaeder, von dem wir ausgingen. Und der Kern? Ein eingesperrtes Zwerglein wird von jeder Fläche der fünf Würfel einen kleinen Teil sehen, das sind 5 · 6 = 30 Teile. Einen Körper mit dreißig Flächen kennen wir, das ist der Dreißig-Rhomben-Körper (Abb. 66, S. 80). Wir sind ihm schon als Hülle von der Durchdringung Dodekaeder – Ikosaeder begegnet. Ob das die Form des Kerns ist?

Um das zu klären, konstruieren wir uns den passenden Schlüssel (Abb. 74). Wir sehen: In der Mitte bleibt ein goldener Rhombus frei. Der Kern des Würfelfünflings ist also tatsächlich der uns schon bekannte Dreißig-Rhomben-Körper (Abb. 75).

Die Konstruktion des Schlüssels beginnt mit der Teilungen aller Quadratseiten von beiden Ecken her im goldenen Schnitt. Es ist zu beachten, dass von gegenüberliegenden Seiten ein gleiches Muster ausgeht, von Nachbarseiten aber verschiedene Muster. Zu bemerken ist, dass diesmal Kern und Schale nicht polar zueinander sind.

Mithilfe des Schlüssels und mit viel Geduld kann man auch den Fünf-Würfel-Körper bauen. Man geht von einem ganzen Würfel aus und klebt die Teile des zweiten Würfels auf. Ebenso verfahren wir mit dem dritten, vierten und fünften Würfel. Die Würfelteile werden immer kleiner, aber zahlreicher.

Wir finden drei Bündel von je fünf gleichen platonischen Körpern: Der Fünf-Tetraeder-Stern hat zwei spiegelbildliche Versionen, das Dodekaeder als Hülle und das Ikosaeder als Kern. Der Fünf-Würfel-Körper hat das Dodekaeder als Hülle und den Dreißig-Rhomben-Körper als Kern. Der Fünf-Oktaeder-Körper hat das Ikosidodekaeder als Hülle und das Ikosaeder als Kern. Es existiert auch ein Zehn-Tetraeder-Stern.

Der Fünf-Oktaeder-Körper

Ob sich auch Oktaeder bündeln lassen? Aus Abb. 31 und 32, S. 49 f.) entnehmen wir, dass sich das Oktaeder sowohl in das Dodekaeder als auch in das Ikosaeder einfügen lässt, jeweils an den Kantenmitten mit den Ecken befestigt. Es stehen in beiden Körpern dreißig Kantenmitten in gleicher Anordnung bereit. Ein Oktaeder hat sechs Ecken. 30 : 6 = 5. Es muss also einen Fünf-Oktaeder-Körper geben (Abb. 76).

Diesmal können wir wieder von einem Stern sprechen, seine dreißig Zacken sind relativ spitz. Er hat 5 · 6 · 4 = 120 unregelmäßige, dreieckige Flächen. Sie sind alle gleicher Art, aber in zweimal sechzig spiegelbildliche Flächen aufgeteilt.

Wir wollen unserer Gewohnheit treu bleiben und nach Kern und Hülle fragen. Wir gingen diesmal nicht von einem Hüllkörper aus; wir müssen ihn suchen. Wir bekommen ihn wieder durch ein gedankliches Einpacken in Papier oder Folie. Die Oktaederecken spannen abwechselnd Dreiecke und Fünfecke in der Luft auf (Abb. 77). Das ist schon wieder ein Ikosidodekaeder (wie Abb. 26 e und 65).

Abb. 76: Der Fünf-Oktaeder-Körper

Und der Kern? Wir können feststellen, dass jeweils zwei dreieckige Oktaederflächen zusammenfallen. Das ist nicht verwunderlich, denn beim polaren Fünf-Würfel-Körper haben wir zusammenfallende dreiflächige Ecken festgestellt. Die beiden Dreiecke fallen nicht deckungsgleich zusammen, sondern verdreht (Abb. 78). Dadurch bilden sie außen ein goldenes Sechseck und innen ein harmonisches Sechseck.

Die fünf Oktaeder haben zusammen 5 · 8 = 40 Flächen, von denen je zwei zusammenfallen, daher zählen nur zwanzig. Ist der Kern das uns wohl bekannte Ikosaeder? Um Gewissheit zu bekommen, zeichnen wir die Schlüssel, diesmal benötigen wir zwei (Abb. 79). Man erhält sie durch Teilen der Kanten im goldenen Schnitt. Innen bleibt ein doppelt belegtes gleichseitiges Dreieck übrig; der Kern des Fünf-Tetraeder-Körpers ist tatsächlich ein Ikosaeder. Auch hier sind Kern und Schale nicht polar zueinander.

Es gibt noch einen zweiten Weg, zum Kern zu kommen. Das ist der Vergleich mit dem polaren Fünf-Würfel-Körper. Dieser hat als Kern den Dreißig-Rhomben-Körper und als Hülle das Dodekaeder. Durch Polarisation erhalten wir: Der Fünf-Oktaeder-Körper hat als Hülle das Ikosidodekaeder (Abb. 77) und als Kern das Ikosaeder.

Tetraeder, Würfel und Oktaeder haben allein keine Beziehung zum goldenen Schnitt, dieser ist dem Dodekaeder und dem Ikosaeder vorbehalten. Die fünf sich durchdringenden Tetraeder, Würfel und Oktaeder sind jedoch nach dem goldenen Schnitt geordnet. Diese Ordnung geht von den beteiligten goldenen Körpern aus.

Solche Bündel zu bauen ist nicht mehr ganz einfach; die jeweiligen «Schlüssel» sind eine Hilfe.

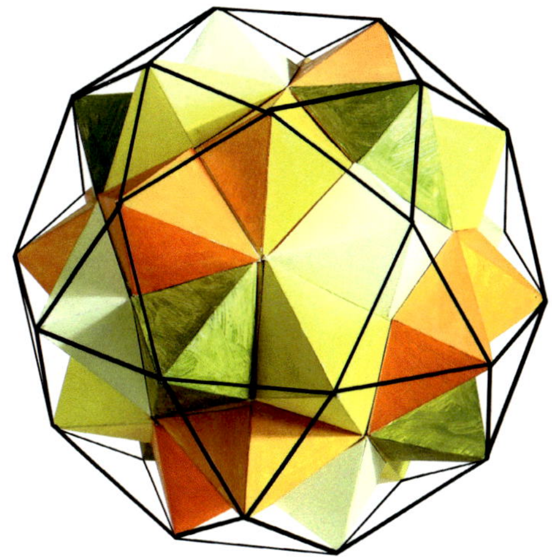

Abb. 77: Der Fünf-Oktaeder-Körper mit dem Ikosidodekaeder als Hülle

Abb. 78: Aufeinanderliegende Dreiecke des Fünf-Oktaeder-Körpers

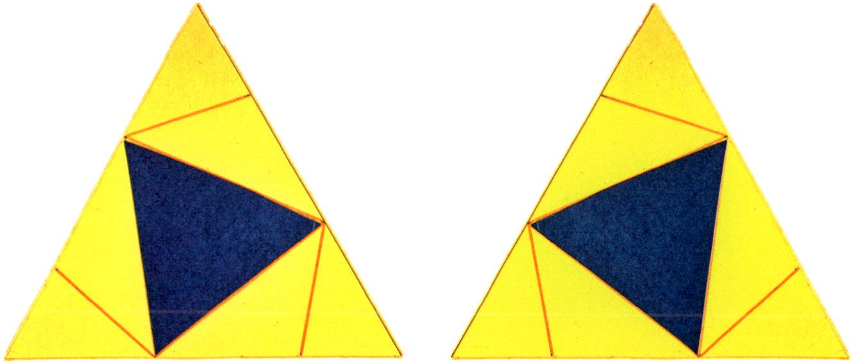

Abb. 79: Schlüssel zum Fünf-Oktaeder-Körper

Das Stutzen

Bisher haben wir die gegenseitigen Verhältnisse der platonischen Körper betrachtet und die Körper einander durchdringen lassen. Jetzt wollen wir darangehen, die platonischen Körper systematisch zu verändern, zunächst durch Abschneiden der Ecken. Statt «Ecken abschneiden» sagen wir einfacher «stutzen». Dabei denken wir immer nur an symmetrisches Stutzen, das heißt, wir wollen von allen in einer Körperecke zusammenstoßenden Kanten immer gleich viel abschneiden. Man kann auch sagen, dass wir mit einer parallel nach innen verschobenen Ecken-Mittel-Ebene schneiden. Dadurch entstehen regelmäßige Schnittflächen.

Beim Stutzen einer *dreiflächigen* Ecke (Tetraeder, Würfel, Dodekaeder) entsteht zunächst, d.h. wenn nicht zu tief geschnitten wird, ein Dreieck mit drei neuen Kanten und drei neuen Ecken. Aus einer *vierflächigen* Ecke (Oktaeder) entsteht ein Quadrat mit vier neuen Kanten und vier neuen Ecken. Aus einer *fünfflächigen* Ecke (Ikosaeder) entsteht ein Fünfeck mit fünf neuen Kanten und fünf neuen Ecken.

Die neu entstandenen Flächen sind alle regelmäßig, die neuen Kanten alle gleich lang und die neuen Ecken alle gleich, aber nicht regelmäßig. Durch das Stutzen bekommt ein Körper mehr Kanten und mehr Ecken. Die Flächen werden kleiner, und es kommen neue dazu. Die gesamte Oberfläche und auch das Volumen werden kleiner.

Abb. 80: Tetraederstumpf

Wir beginnen mit dem **Tetraeder** und stutzen vorläufig nur ein Drittel der Kanten weg, sodass aus den vier dreieckigen Flächen des Tetraeders vier regelmäßige Sechsecke werden. An den Schnittflächen entstehen vier neue kleinere Dreiecke (Abb. 80). Wir nennen den neuen Körper «Tetraederstumpf», es ist ein archimedischer Körper. Der Tetraederstumpf hat vier Dreiecke und vier Sechsecke, zusammen acht Flächen. Sechsecke als Körperflächen hatten wir bisher noch nicht.

Wir verfolgen das Stutzen in Abb. 81 weiter. Wenn wir alle Ecken des Tetraeders bis zu den Kantenmitten stutzen, haben wir ein Oktaeder vor uns. Das ist eigentlich kein Wunder – wir wissen doch von unserer Schachtelung her, wie im Tetraeder ein Oktaeder steckt. Wir stutzen weiter in gleicher Richtung und erhalten zunächst einen neuen, kleineren Tetraederstumpf, er ist um 90° zum ersten gedreht. Nach einem weiteren Stutzen erscheint ein ganz kleines, ebenfalls gedrehtes Tetra-

ederchen. Das war zu erwarten, denn wir wissen, dass im Tetraeder ein kleines zweites steckt.

Wir hätten beim Stutzen auch in kleineren oder größeren Schritten vorgehen können. Tatsächlich haben wir immer an besonderen Stellen Station gemacht: Erste Station, wenn von den dreieckigen Tetraederflächen regelmäßige Sechsecke übrig geblieben sind. Zweite Station, wenn von den Tetraederflächen die regelmäßigen Dreiecke eines Oktaeders übrig geblieben sind. Dritte Station, wenn die Schnittflächen Sechsecke geworden sind. Vierte Station, wenn die Schnittflächen wieder Dreiecke eines neuen Tetraeders geworden sind.

Das kleine Endtetraederchen passt genau in das große Ausgangstetraeder hinein und berührt hineingesetzt das Letztere mit seinen Ecken in den Flächenmitten, wie wir es als Gast im großen Tetraeder kennen (Abb. 27 rechts). Aber wieso ist beim Übergang das Oktaeder bevorzugt worden und nicht der Würfel? Eine Einseitigkeit? Wir werden die Antwort finden (Seite 110).

Abb. 81: Aus einem Tetraeder wird durch Stutzen ein Tetraederstumpf, dann ein Oktaeder, wieder ein Tetraederstumpf und schließlich ein sehr kleines Tetraederchen.

Jetzt wird der **Würfel** gestutzt, fortlaufend an allen acht Ecken zugleich (Abb. 84). Wir stutzen zur ersten Station so weit, bis aus den sechs Würfelquadraten regelmäßige Achtecke entstanden sind. So gelangen wir zu einem für uns neuen Körper. Er hat sechs große Achtecke und acht kleine Dreiecke (Abb. 82 und Foto S. 113), wir nennen ihn «Würfelstumpf». Er ist wieder ein archimedischer Körper.

Wenn wir die Würfelecken bis zu den Kantenmitten stutzen, sind von den Kanten nur noch die Mittelpunkte da. Wir haben als zweite Station das uns bekannte Kuboktaeder mit sechs Quadraten und acht Dreiecken vor uns (Abb. 84 Mitte).

Abb. 82: Würfelstumpf

Abb. 83: Oktaederstumpf

Bis hierher war die Verwandlung des Würfels durch Stutzen leicht zu verfolgen. Schwieriger wird es bei tieferem Stutzen, dann werden die ursprünglichen sechs Flächenquadrate noch kleiner, und von den Würfelkanten ist nichts mehr da. An den Schnittflächen entstehen zunächst unregelmäßige Sechsecke und bei entsprechender Schnitttiefe als dritte Station acht regelmäßige Sechsecke. Wir erkennen die Oktaederform und verstehen den Namen «Oktaederstumpf» (Abb. 83). Wir hätten diesen Körper auch einfacher durch Stutzen eines Oktaeders erreichen können.

Ein noch tieferes Stutzen des ehemaligen Würfels bis zur Auflösung der ursprünglichen Flächen in einem Punkt führt dann schließlich zum Oktaeder (Abb. 84 rechts). Wieder kein Wunder, wir wissen doch von der Schachtelung, dass im Würfel ein Oktaeder steckt (Abb. 29, S. 48). Vom Ausgangswürfel sind nur noch die Flächenmittelpunkte als Oktaederecken übrig geblieben. Durch gründliches Abschneiden der Würfelecken kommen wir also zum polaren Oktaeder. Alle Zwischenstationen sind archimedische Körper, die wir später betrachten werden.

Was geschieht wohl, wenn wir an einem Würfel nur jede zweite Ecke stutzen? Dann erhalten wir schließlich ein Tetraeder, was sonst? Wir wissen von unserer Schachtelung her, dass im Würfel ein Tetraeder steckt. In Abb. 85 ist das demonstriert. Die auftretenden Zwischengebilde sehen nett aus, haben aber keine besonderen Namen und sind keine archimedischen Körper.

Jetzt stutzen wir das **Oktaeder** (Abb. 86). Dabei erhalten wir zuerst einen Oktaederstumpf, dann das Kuboktaeder, den Würfelstumpf und schließlich einen ziemlich kleinen Würfel. Wieder ist durch das Stutzen letztlich der polare Körper in kleiner Ausführung entstanden. Der Vergleich mit Abb. 84 zeigt, dass die Zwischenstadien die gleichen Formen

Abb. 84: Der Würfel wird über Würfelstumpf, Kuboktaeder, Oktaederstumpf zum Oktaeder gestutzt.

sind wie beim Stutzen des Würfels, nur in umgekehrter Reihenfolge und in anderen Größen. Das Stutzen des Oktaeders bringt keine neuen Gebilde.

Abb. 85: Der Würfel nur an jeder zweiten Ecke gestutzt gibt ein Tetraeder.

Jetzt verstehen wir den Namen Kuboktaeder für den mittleren Körper besser. Wenn man ihn allein vor sich hat, kann man nicht wissen, wie er zustande kam. Es kann sowohl ein gestutzter Würfel als auch ein gestutztes Oktaeder sein.

Es ist möglich, die beiden zuletzt beschriebenen Operationen hintereinander auszuführen, also einen Würfel zum Oktaeder zu stutzen und diesen weiter zum Würfel zurückzustutzen. Das Ergebnis wäre dann ein sehr kleines Würfelchen. Bei dem groben Stutzen geht doch sehr viel von der Größe verloren.

Wir probieren das Stutzen am **Dodekaeder** (Abb. 87) und erhalten, ganz entsprechend wie beim Würfel, der Reihe nach in vier besonderen Stationen: «Dodekaederstumpf», dann das uns schon bekannte Ikosidodekaeder und über den «Ikosaederstumpf» schließlich ein Ikosaeder.

Abb. 86: Das Oktaeder wird über Oktaederstumpf, Kuboktaeder, Würfelstumpf zum Würfel gestutzt.

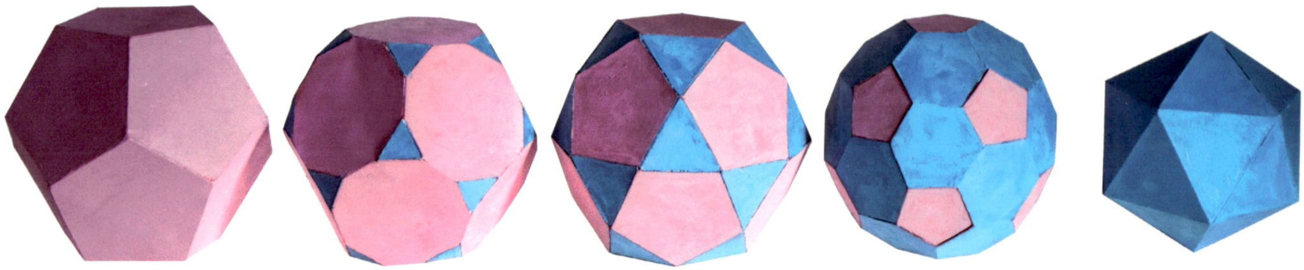

Abb. 87: Das Dodekaeder gestutzt über Dodekaederstumpf, Ikosidodekaeder und Ikosaederstumpf zum Ikosaeder

Neu sind «Dodekaederstumpf» und «Ikosaederstumpf» (Abb. 88 und 89). Der *Dodekaederstumpf* hat zwölf regelmäßige Zehnecke, Reste von den Dodekaederflächen, und zwanzig regelmäßige Dreiecke von den Dodekaederecken. Der *Ikosaederstumpf* hat zwölf regelmäßige Fünfecke von den Ikosaederecken und zwanzig regelmäßige Sechsecke, Reste von den Ikosaederflächen. Er ist allgemein bekannt, denn er ähnelt sehr einem Fußball. Auch die drei Zwischenstationen der Abb. 87 sind archimedische Köper, die wir später betrachten werden (S. 118).

Schließlich wird noch das **Ikosaeder** gestutzt. Wir erwarten die gleichen Körper wie beim Stutzen des Dodekaeders, nur in entgegengesetzter Reihenfolge und anderen Größen (Abb. 90).

Abb. 88: Dodekaederstumpf

Abb. 89: Ikosaederstumpf

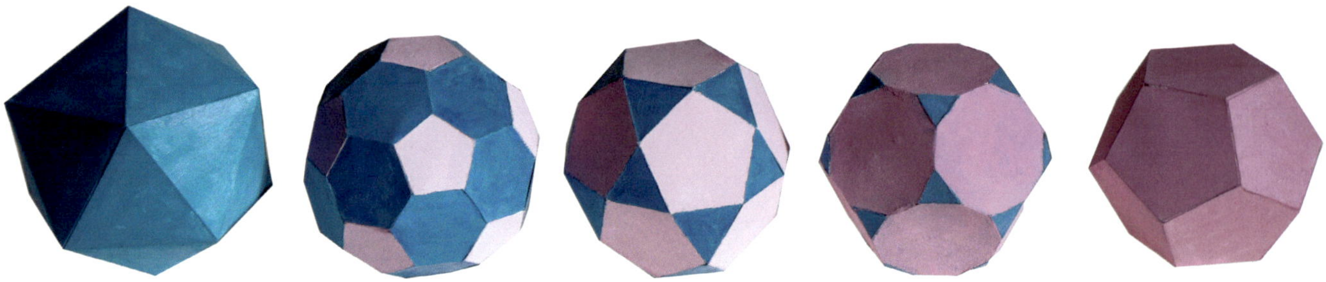

Abb. 90: Das Ikosaeder gestutzt über Ikosaederstumpf, Ikosidodekaeder und Dodekaederstumpf zum Dodekaeder.

Alle diese gestutzten Körper sind leicht nachzubauen.

Bei den goldenen Körpern ist der Volumenverlust durch das Stutzen längst nicht so gravierend wie bei Tetraeder, Würfel und Oktaeder. Dodekaeder und Ikosaeder sind viel «runder», die Ecken sind stumpfer.

Durch das Stutzen gelangen wir über je drei markante Zwischenstationen zum polaren Körper. Dabei lernen wir neu die Stümpfe aller fünf platonischer Körper kennen. Die beiden Zwitter Kuboktaeder und Ikosidodekaeder werden bestätigt. Erstmals tauchen an den Körpern das Sechseck, das Achteck und das Zehneck auf. Alle diese Gebilde zählt man zu den archimedischen Körpern.

Abgestutzte Ecken

Die Ecken, die wir von den platonischen Körpern im vorigen Kapitel abgestutzt haben, müssen nicht «weggeworfen» werden. Wir können sie «sammeln» und mit ihnen experimentieren, sie verschieden zusammenfügen oder auf fremde Körper setzen.

Alle abgestutzten Ecken sind kleine Pyramiden, bei Tetraeder, Würfel und Dodekaeder dreiseitige, beim Oktaeder vierseitige und beim Ikosaeder fünfseitige. Dies gilt, solange der Schnitt nicht über die Kantenmitten hinausgeht, sonst würden sich die Schnitte benachbarter Ecken gegenseitig beeinträchtigen.

Die abgestutzten **Tetraederecken** sind wieder Tetraeder, viel kleiner zwar, aber perfekte Tetraederchen (Abb. 91). Das Tetraeder kann sich sozusagen durch Abspalten von Ecken vermehren. Das macht ihm kein anderer platonischer Körper nach – also wieder eine Besonderheit des Tetraeders.

Abb. 91: Das gestutzte Tetraeder mit seinen vier abgestutzten Ecken

Als Nächstes experimentieren wir mit **Würfelecken**. Die acht abgestutzten Würfelecken sind kleine dreiseitige Pyramiden mit rechten Winkeln an der Spitze (Abb. 92); sie sind stumpfer als die Tetraederecken.

Weil die Würfelecken eine dreieckige Schnittfläche als Basis haben, ist es möglich, sie auf Tetraeder, Oktaeder und Ikosaeder zu setzen (Abb. 93).

Abb. 92: Der gestutzte Würfel mit seinen acht Ecken

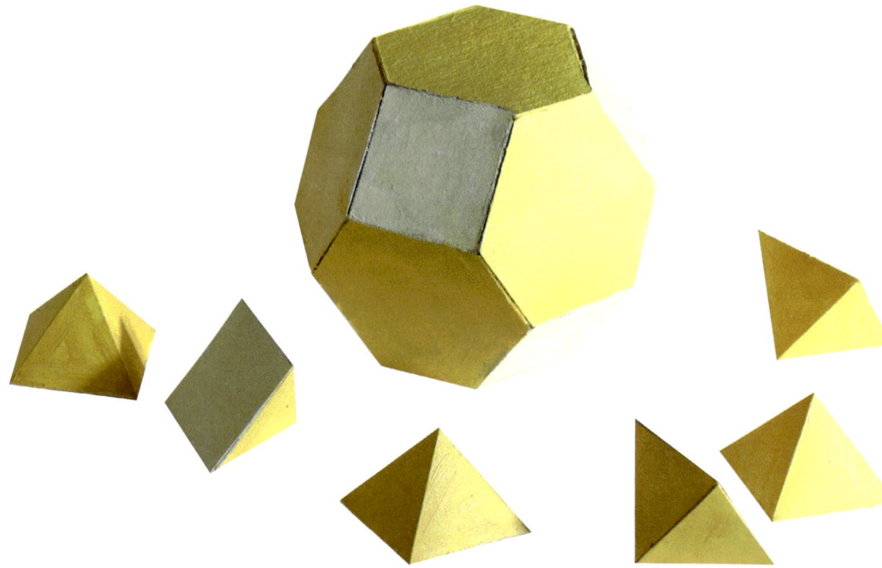

Abb. 97: Das gestutzte Oktaeder mit seinen sechs Ecken

Es steht noch der Versuch an, das *Ikosaeder* zu «dodekaedrisieren». Das Ergebnis ist ein besonders harmonischer Körper: Abb. 96 c). Wir bemerken, dass der neue Körper aus zwanzig sich gegenseitig durchdringenden golden-harmonischen Sechsecken aufgebaut ist. Der Körper hat 32 Ecken, denn zu den zwölf Ikosaederecken sind die zwanzig Dodekaederecken dazugekommen. Arnold und Wyss[2] nennen diesen schönen Körper «Bindel-Stern».

Die sechs gestutzten **Oktaederecken** haben quadratische Schnittflächen (Abb. 97) und passen daher nur auf einen *Würfel* entsprechender Größe. Das Ergebnis ist ein einfacher, sehr stumpfer Stern (Abb. 98).

Abb. 98: Oktaederecken auf einem Würfel

Abb. 99: Das Oktaeder aus zwei Oktaederecken

Aber schon aus zwei Oktaederecken kann wieder ein neues, kleineres *Oktaeder* entstehen. Das ist nur beim Oktaeder möglich (Abb. 99).

Die zwölf **Ikosaederecken** sind flache fünfseitige Pyramiden (Abb. 100). Sie passen nur auf die zwölf Flächen eines Dodekaeders. Dies gibt einen Körper aus 12 · 5 = 60 gleichseitigen Dreiecken. Dieser Körper hat leicht einspringende Kanten, er ist nicht mehr konvex und daher kein platonischer Körper (Abb. 101).

Zwei solche Ikosaederecken mit den Schnittflächen zusammengesetzt kennen wir als Beispiel für einen nicht-platonischen Körper (Abb. 3 a, S. 11).

Die abgeschnittenen Ecken von Tetraeder, Würfel und Dodekaeder haben dreieckige Schnittflächen; deshalb kann man sie auf Tetraeder, Oktaeder und Ikosaeder aufsetzen. Die Oktaederecken mit ihren quadratischen Schnittflächen passen nur auf den Würfel, die Ikosaederecken mit ihren fünfeckigen Schnittflächen nur auf das Dodekaeder. Ein besonderes Ergebnis ist der Bindel-Stern: ein Ikosaeder mit aufgesetzten Dodekaederecken.

Abb. 100: Gestutztes Ikosaeder mit seinen zwölf Ecken

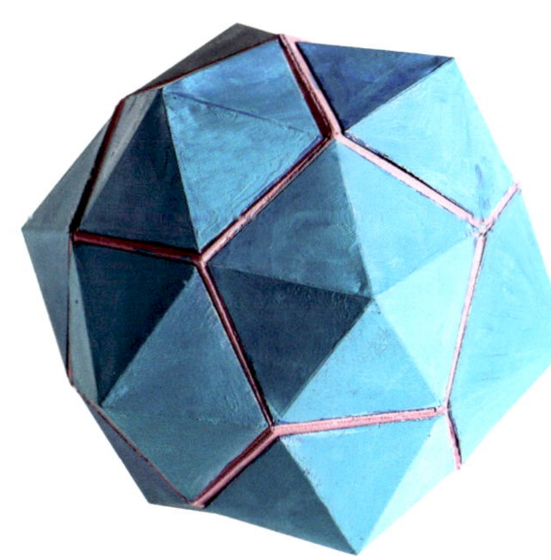

Abb. 101: Ikosaederecken auf dem Dodekaeder

Das Zelten

Es stellt sich die Frage, ob auch das Stutzen polarisiert werden kann. Versuchen wir es. Was machen wir eigentlich beim Stutzen? Wir lassen eine Ecke verschwinden und erhalten dafür weiter innen eine neue Fläche mit neuen Kanten und neuen Ecken. Polar muss man aus einer Fläche eine Ecke machen und dadurch neue Kanten und neue Flächen bekommen. Außerdem werden wir nach außen gehen müssen, denn das Abschneiden der Ecken ging nach innen. Selbstverständlich muss auch diese Operation symmetrisch verlaufen.

Wahrscheinlich hat es der Leser schon erraten: Wir müssen uns die Fläche aus Gummituch vorstellen und die Mitte der zu bearbeitenden Fläche nach außen bewegen. Das kann durch Ziehen von außen oder durch Drücken von innen geschehen. Dadurch wird ein Zelt aufgespannt. «Aufzelten» kann man das nennen oder kurz nur «zelten». Dies wird ein symmetrischer Prozess, wenn die Flächenmitte senkrecht zur ursprünglichen Fläche bewegt wird.

Beim Stutzen konnten wir mit einem Messer von außen an die Arbeit gehen. Beim Zelten ist das anders. Wir könnten einen kleinen Griff in der Mitte einer Fläche aus Gummituch anbringen und daran ziehen. Oder man kann sich wieder ein Zwerglein im hohlen Körper vorstellen, das mit einem Zwergenbesenstiel die jeweilige Flächenmitte hinausdrückt. Das Zelten ist wesentlich schwieriger vorzustellen als das Stutzen.

Beim Zelten entsteht aus der bearbeiteten Fläche eine Pyramide. Aus einer dreieckigen Tetraeder-, Oktaeder- oder Ikosaederfläche wird durch

Abb. 105: Die platonischen Körper mit jeweils einer gezelteten Fläche

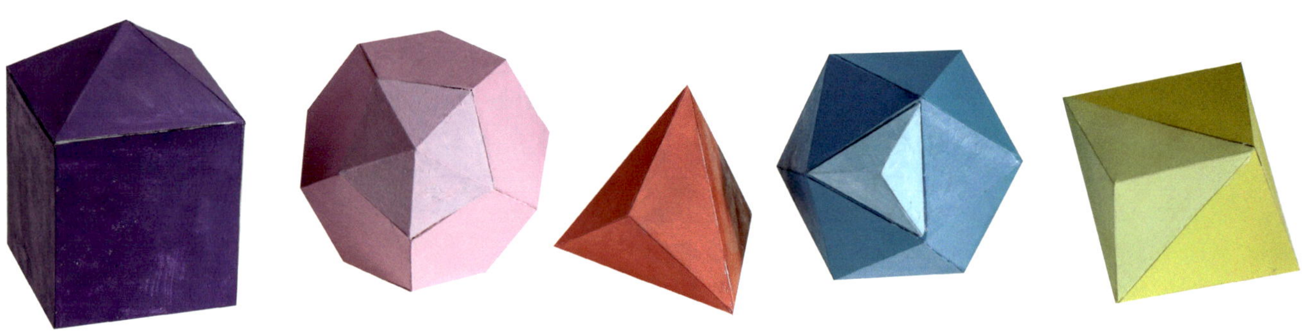

Zelten eine dreiflächige Ecke mit drei neuen Kanten und drei neuen Flächen. Beim Zelten eines Würfels entsteht aus der quadratischen Fläche eine vierseitige Pyramide und beim Zelten eines Dodekaeders aus der fünfeckigen Fläche eine fünfflächige Pyramide (Abb. 105).

Wir haben schon aufgesetzte Ecken in Pyramidenform betrachtet. Neu ist jetzt die Entstehungsweise der Pyramiden. Sie ist ein kontinuierlicher Vorgang, der entsprechend dem Stutzen an bestimmten «Stationen» gestoppt werden kann. Beim Zelten entstehen wie beim Stutzen sofort neue Flächen, Ecken und Kanten. Die alte Fläche verschwindet ganz. Oberfläche und Volumen nehmen zu.

Wir zelten zunächst ein **Tetraeder** an allen vier Tetraederflächen. Es wird zum ersten Mal Halt gemacht, wenn die vier Tetraederecken *regelmäßig* sechsflächig geworden sind, dann haben wir ein «Pyramidentetraeder» vor uns (Abb. 106). Dieser Körper hat zwölf dreieckige, nicht mehr regelmäßige Flächen und achtzehn Kanten, er ist polar zum ersten Körper beim Stutzen des Tetraeders, zum Tetraederstumpf (Abb. 80, S. 94) und gehört zur Gruppe der catalanischen Körper, die auf Seite 128 ff. näher betrachtet werden.

Nach weiterem Zelten entsteht ein **Würfel** (Abb. 107). Das erstaunt uns nicht, wir kennen es von der Schachtelung. Der Würfel ist polar zum mittleren Körper beim Stutzen des Tetraeders, dem Oktaeder (Abb. 81, S. 95). Durch weiteres Ziehen von außen oder Drücken von innen an den gleichen Stellen kommen wir zunächst zu einem neuen, größeren Pyramidentetraeder und schließlich zu einem erstaunlich großen Tetraeder in gedrehter, polarer Lage zum kleinen Ausgangstetraeder.

Abb. 106: Pyramidentetraeder

Abb. 107: Das Tetraeder wird gezeltet.

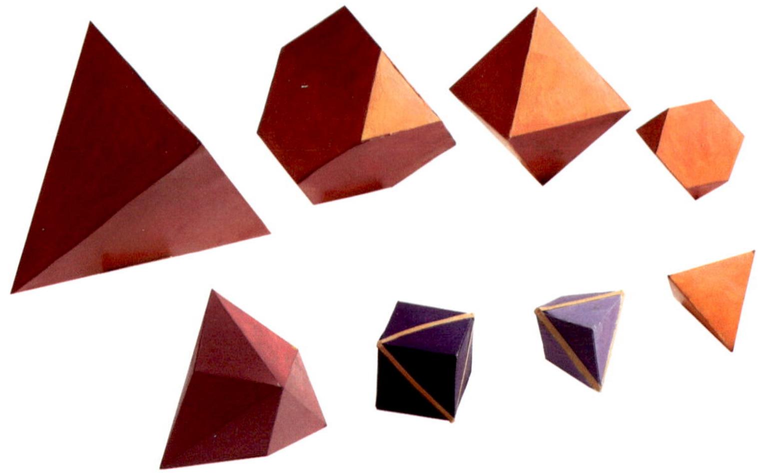

Abb. 108: Zyklus durch Stutzen und Zelten eines Tetraeders

Wenn wir das Zelten mit dem kleinen, durch Stutzen entstandenen **Tetraeder** beginnen, erhalten wir ein Tetraeder, das so groß ist wie dasjenige, mit dem wir das Stutzen begonnen haben. Wir kommen also auf einem anderen Weg wieder zum Ausgang zurück (Abb. 108). Was durch Stutzen geschehen ist, kann durch Zelten wieder rückgängig gemacht werden; das ist ein *Zyklus*. Das Tetraeder wird gestutzt und anschließend durch Zelten auf einem anderen Weg wieder in ursprünglicher Größe und Lage hergestellt. Dabei entstehen unter den Körpern Polaritäten.

Eine offen gebliebene Frage von S. 95 ist geklärt: Durch Stutzen des Tetraeders kommen wir über das *Oktaeder* zum verkleinerten Tetraeder. Durch das polare Zelten des Tetraeders gelangen wir über den polaren *Würfel* zum Tetraeder in der ursprünglichen Größe und Lage.

In beiden Fällen wird das Tetraeder bearbeitet, einmal durch das Stutzen aller vier Ecken, das andere Mal durch Zelten aller vier Flächen. Die ersten und dritten Zwischenkörper beim Stutzen und beim Zelten sind, abgesehen von ihrer Größe, identisch und zueinander polar.

Das Tetraeder hat durch das Stutzen vier dreieckige und vier sechseckige Flächen neu bekommen und ist ein archimedischer Tetraederstumpf geworden. Das Tetraeder hat durch das Zelten vier dreiflächige und vier sechsflächige Ecken neu bekommen und ist ein catalanischer Pyramidentetraeder geworden.

Die Zahl der Kanten ist in beiden Fällen auf achtzehn gestiegen. Durch das Stutzen des Tetraeders ist vorübergehend ein archimedischer

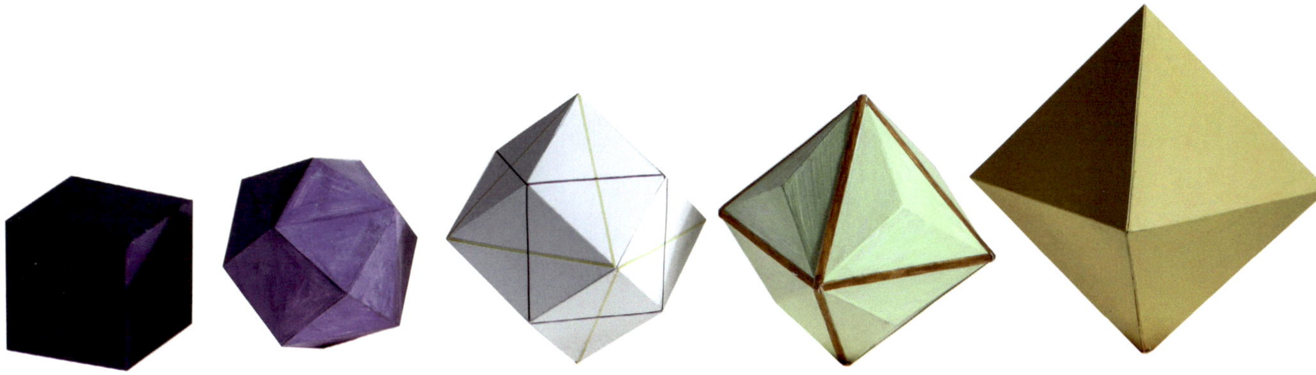

Abb. 109: Der Würfel wird zum Oktaeder gezeltet.

Körper (Tetraederstumpf) entstanden, und durch das Zelten des Tetraeders ist vorübergehend ein polarer catalanischer Körper (Pyramidentetraeder) entstanden. Auch die zwei mittleren Stationen mit Oktaeder beim Stutzen und Würfel beim Zelten verhalten sich polar (Abb. 108).

Was geschieht beim **Würfel** durch das Zelten (Abb. 109)? Zunächst entsteht in der ersten Station ein Pyramidenwürfel. Die acht dreiflächigen Würfelecken sind regelmäßig sechsflächig geworden, und es sind sechs neue, vierflächige Ecken dazugekommen. Der neue Körper hat 24 gleiche, aber unregelmäßige dreieckige Flächen. Die zwölf Würfelkanten sind noch vollständig vorhanden, es sind 24 (6 · 4) neue Kanten dazugekommen, insgesamt hat der Pyramidenwürfel also 36 Kanten. Dieser catalanische Körper ist polar zur ersten Station beim Stutzen eines Oktaeders, zum Oktaederstumpf (Abb. 83 bzw. Abb. 86, S. 96 f.).

Nach weiterem Zelten entsteht als Mittelstation das uns bekannte Rhombendodekaeder (Abb. 62 rechts, S. 75), polar zum Kuboktaeder. Aus den zwölf Würfelkanten sind die kürzeren Diagonalen der Rhombenflächen geworden; sie sind eingezeichnet.

Bei weiterem Zelten in gleicher Weise verschwinden die Würfelkanten ganz. In der dritten Station gelangen wir zum Pyramidenoktaeder. Dieses hat sechs regelmäßige achtflächige Ecken und 24 gleiche, unregelmäßige dreieckige Flächen, sowie 36 Kanten. Die zwölf Oktaederkanten sind schon vorhanden, aber noch zu kurz. Dies ist ein catalanischer Körper, polar zum Würfelstumpf (Abb. 82, 84 links und Foto S. 113).

In der vierten Station sind wir schließlich bei einem großen Oktaeder angekommen. Vom gezelteten Würfel sind nur noch die Ecken als Mittelpunkte der Oktaederflächen da. Wenn wir einen Würfel gezel-

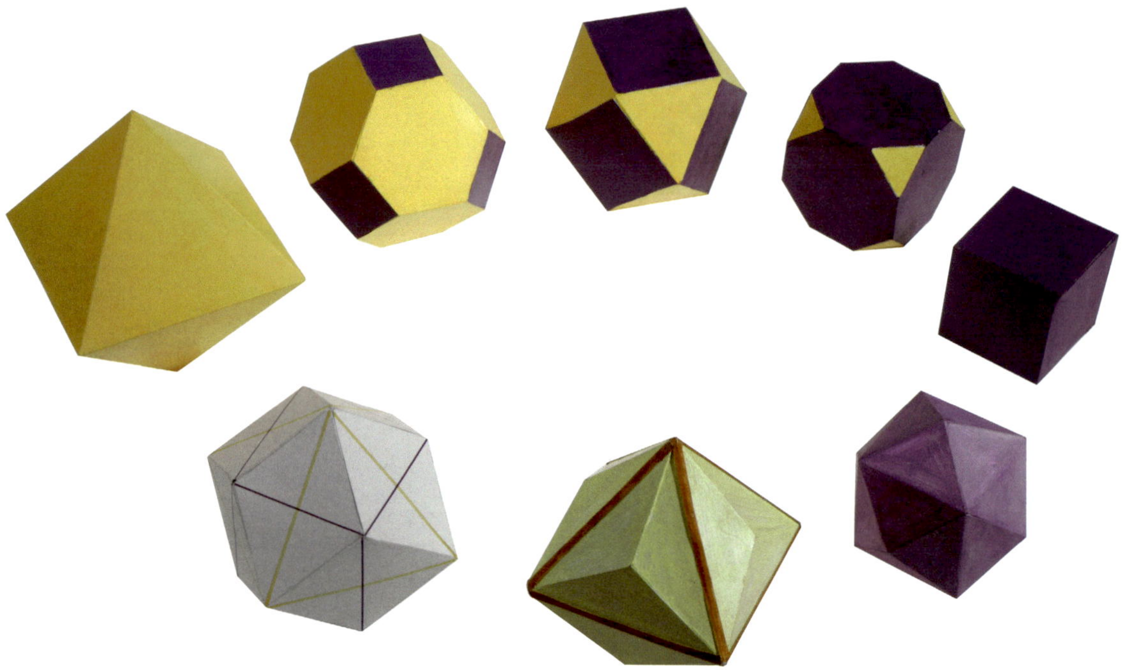

Abb. 110: Zyklus Oktaeder – Würfel – Oktaeder

Abb. 111: Das Oktaeder wird zum Würfel gezeltet.

tet haben, der durch Stutzen eines Oktaeders entstanden ist, hat dieses Oktaeder wieder die gleiche Größe wie das gestutzte. Es gibt also einen Zyklus Oktaeder – Würfel – Oktaeder (Abb. 110).

Wenn wir das **Oktaeder** zelten, entstehen die gleichen Körper wie beim Zelten des Würfels, nur in umgekehrter Reihenfolge, es entsteht nichts grundsätzlich Neues (Abb. 111). Es gibt demnach auch einen Zyklus Würfel – Oktaeder – Würfel (Abb. 112).

Dieses Zelten ist eine eigenartige Angelegenheit. Während wir beim Stutzen eindeutige Farben an den Schnittflächen verwenden konnten,

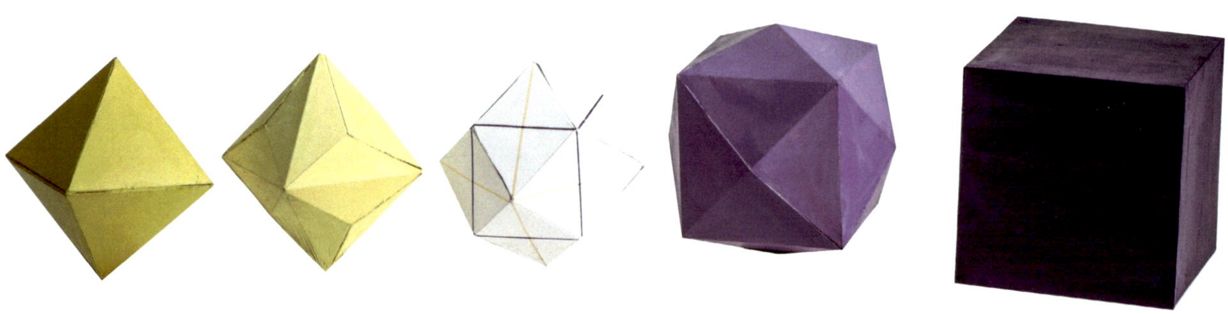

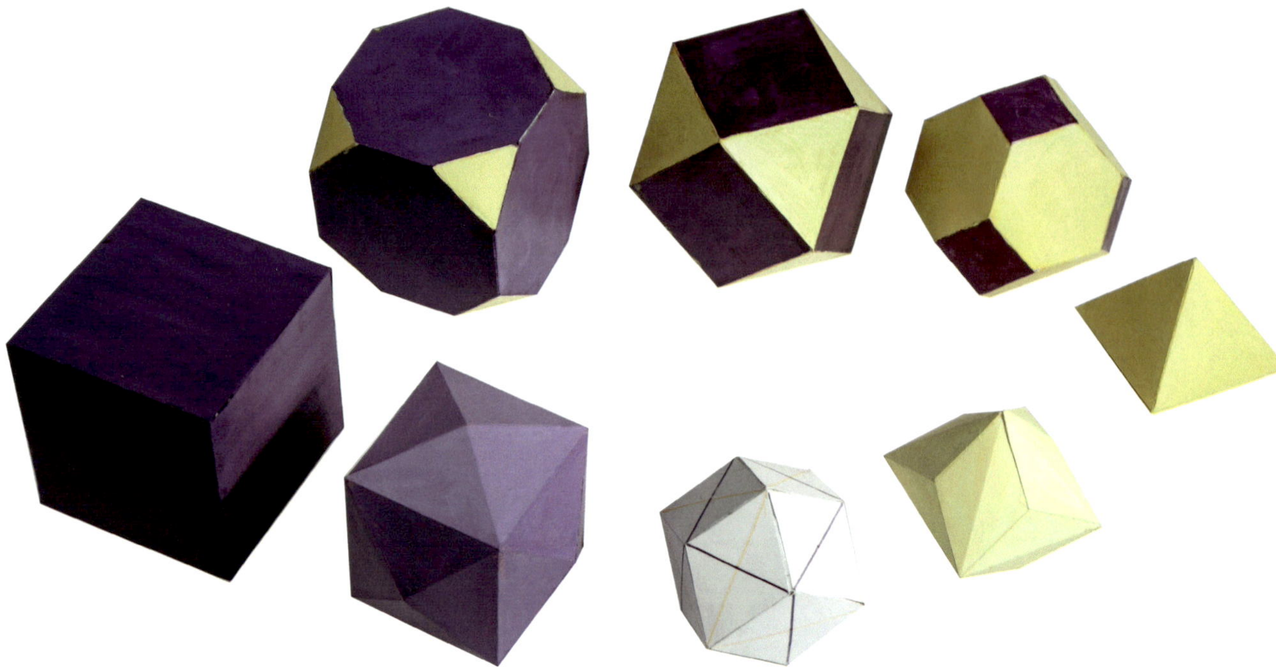

Abb. 112: Zyklus Würfel – Oktaeder – Würfel

Abb. 113: Das Oktaeder wird an jeder zweiten Fläche zum Tetraeder gezeltet.

die den Fortgang der Verwandlung deutlich zeigen, ist dies beim Zelten nicht möglich. Die Verwandlung ist durch ein Aufhellen der Farbe angedeutet. Für den mittleren Körper ist das Weiß gewählt worden. Beim mittleren Körper liegen die Kanten des Ausgangskörpers *noch* in den Rhomben und die Kanten des neuen Körpers, noch zu kurz, liegen *schon* in den Rhomben, beide als Diagonalen. Diese Diagonalen sind auf den Abbildungen in den entsprechenden Farben gehalten.

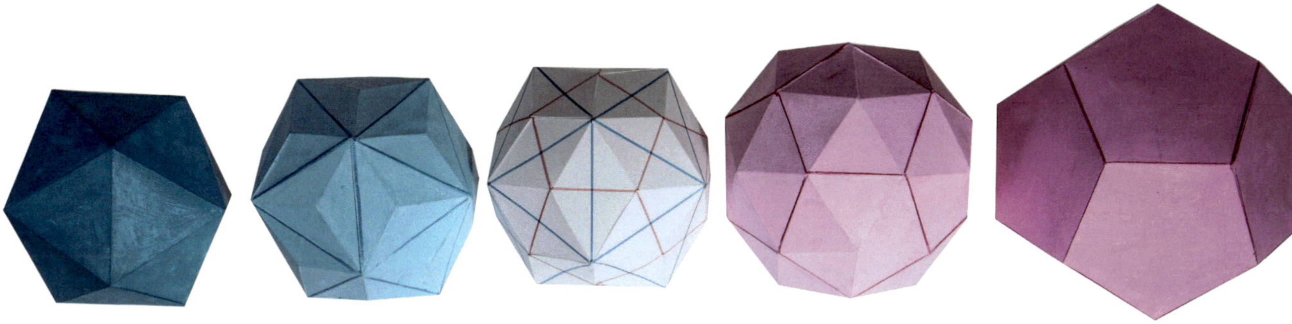

Abb. 114: Das Ikosaeder wird zum Dodekaeder gezeltet.

Der Vollständigkeit halber wollen wir polar zum Stutzen des Würfels an jeder zweiten Ecke (Abb. 85, S. 97) noch das Oktaeder an jeder zweiten Fläche aufzelten. Nach dem Durchschreiten verschiedener, nicht extra benannter Formen kommen wir zum Tetraeder (Abb. 113).

Nun zelten wir das **Ikosaeder** (Abb. 114). Dabei entsteht zunächst ein Pyramidenikosaeder – die Kanten sind noch da –, dann der Dreißig-Rhomben-Körper, auf dem auch noch die Ikosaederkanten und senkrecht dazu schon die Dodekaederkanten zu erkennen sind. Es geht weiter zum Pyramidendodekaeder; hier sind die Ikosaederkanten ganz verschwunden, aber die Dodekaederkanten, noch zu kurz, zeichnen sich deutlich ab. Der letzte Schritt, der Übergang vom Pyramidendodekaeder zum Dodekaeder, erfolgt nicht durch die Beseitigung der Pyrami-

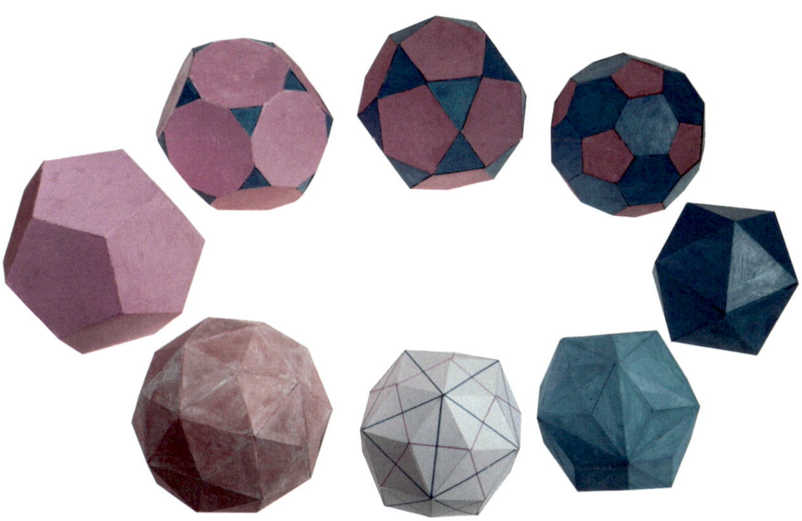

Abb. 115: Zyklus Dodekaeder – Ikosaeder – Dodekaeder

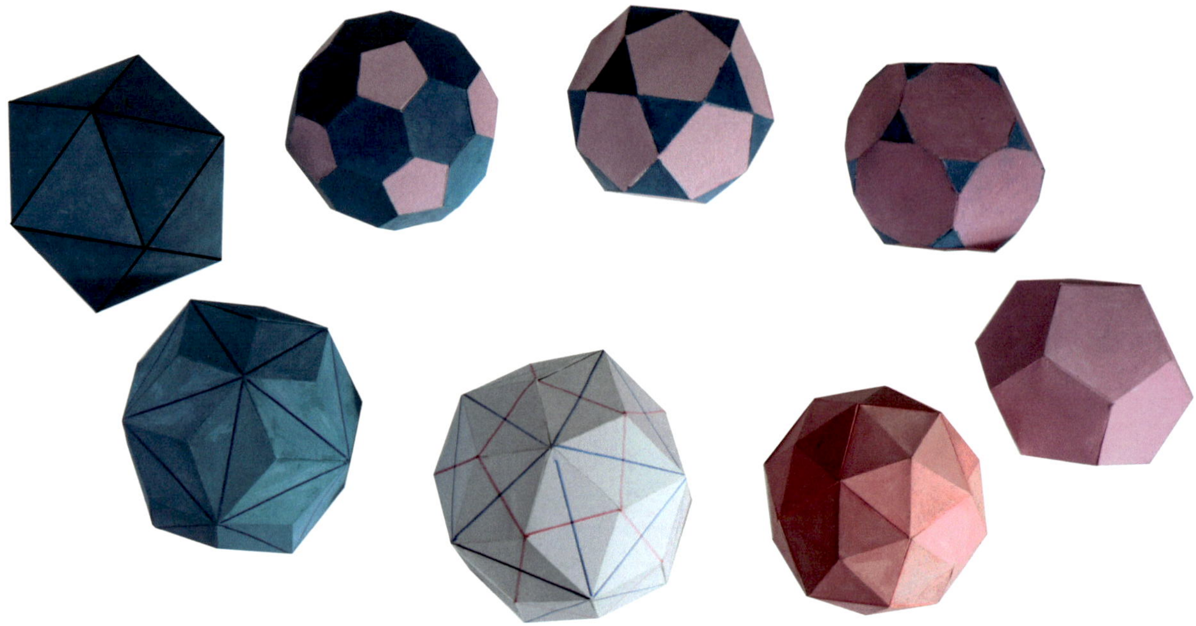

Abb. 116: Zyklus Ikosaeder – Dodekaeder – Ikosaeder

Die zum Stutzen polare Operation ist das «Zelten»: Aus einer Fläche entsteht durch Bewegen des Flächenmittelpunkts nach außen ein Zelt. An den platonischen Körpern entsprechend weit durchgeführt, gelangt man über drei markante Zwischenstationen zum polaren Körper. Die Zwischenstufen sind jeweils polar zu den entsprechenden Zwischenstufen des Stutzens. Stutzen und Zelten hintereinander durchgeführt bilden einen Zyklus.

den, sondern durch einen letzten Zug an den sechsseitigen Ecken nach außen zum Dodekaeder.

Wir erkennen: Das Pyramidenikosaeder ist polar zum Dodekaederstumpf (Abb. 88, S. 98). Der Dreißig-Rauten-Körper ist polar zum Ikosidodekaeder (Abb. 65, S. 80), und das Pyramidendodekaeder ist polar zum Ikosaederstumpf (Abb. 89, S. 98). Die neuen Pyramidenikosaeder und Pyramidendodekaeder sind catalanische Körper. Es existieren also ähnliche Verhältnisse wie bei Oktaeder und Würfel.

Es gibt auch auf der goldenen Ebene einen Zyklus Dodekaeder – Ikosaeder – Dodekaeder (Abb. 115).

Wenn wir das **Dodekaeder** zelten, entstehen die gleichen Körper wie beim Zelten des Ikosaeders, nur in umgekehrter Reihenfolge. Es existiert auch ein Zyklus Ikosaeder – Dodekaeder – Ikosaeder (Abb. 116).

Durch das Zelten können alle beim Stutzen entstandenen polaren platonischen Körper auf anderem Weg wieder zur Ausgangsform zurückgeführt werden – in gleicher Lage und Größe; es sind vollkommene Zyklen.

An dieser Stelle können wir uns klarmachen, dass einer kleinen, durch mäßiges Stutzen entstandenen Fläche ein niedriges Zelt mit großen

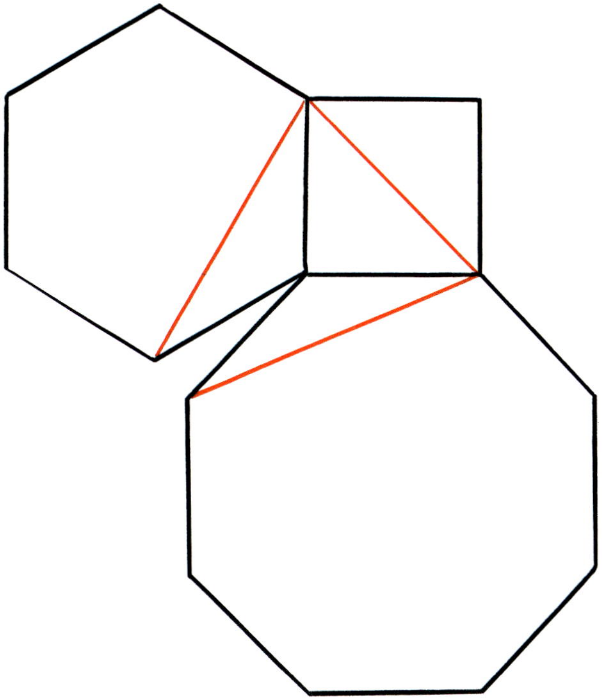

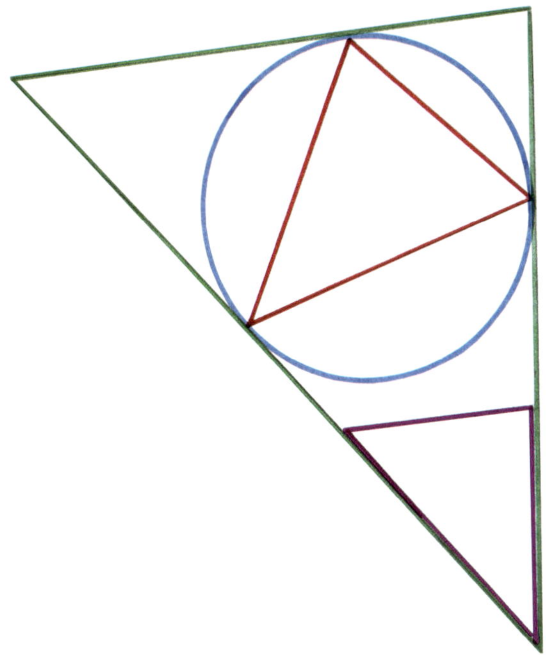

Abb. 117: Konstruktion der Flächen aufgezelteter Körper

Winkeln zwischen den Kanten entspricht. «Klein» heißt also beim Zelten so viel wie «wenig hinausgedrückt»; die Winkel an der neuen Ecke sind groß. Steile, spitze Zelte entsprechen dagegen großen, tief abgestutzten Flächen.

Selbstverständlich kann in einem Zyklus auch mit dem Zelten angefangen werden, dann führt das Stutzen zum Ausgangskörper zurück Die entstehenden Größenunterschiede beim Stutzen und beim Zelten sind beim Tetraeder am deutlichsten, bei Dodekaeder und Ikosaeder am geringsten.

Solche Zyklen zu bauen ist eine schöne Sache. Dazu muss man sich die beim Aufzelten entstandenen Flächen konstruieren. Wie das geht, wird hier am Beispiel des Kuboktaederstumpfes gezeigt (Abb. 117).

Man zeichne die Vielecke einer Ecke des polaren archimedischen Körpers eben liegend mit einer Lücke (Abb. 117 schwarz). Dann fügt man das offene Dreieck aus den einzelnen Diagonalen hinein (Abb. 117 rot). In einer zweiten Zeichnung schließt man das offene rote Dreieck. Um dieses setzt man den blauen Umkreis (Mittelpunkt ist Schnittpunkt der Mittelsenkrechten). An den Umkreis in den Berührungspunkten die grünen Tangenten (senkrecht zum Radius) zeichnen. Das grüne Dreieck hat die gesuchte Form, es ist aber zu groß. Durch Parallelverschiebung einer Seite können wir das Dreieck beliebig verkleinern (lila).

Quadrate (siehe Foto links). Der Kuboktaederstumpf entsteht also nicht durch Stutzen des Kuboktaeders. Die größten Flächen des Kuboktaederstumpfes sind die sechs von einem Würfel stammenden Achtecke. Wenn man einem Würfel dieser Größe die Ecken *und Kanten* in entsprechender Tiefe stutzt, entsteht der Kuboktaederstumpf. Durch das Stutzen der Ecken entstehen die Sechsecke, durch das Stutzen der Kanten die Quadrate. Von den Würfelflächen bleiben die Achtecke stehen.

Um durch Stutzen eines Würfels zu einem Kuboktaeder zu gelangen, müssen seine Kanten viermal im Verhältnis $1 : 1 : \sqrt{2} : 1 : 1$ geteilt werden (s. Adam / Wyss[2], S. 58).

Abb. 121: Kubus simus

Der **Kubus simus** (Abb. 121) ist ein ganz eigenartiges Gebilde. Adam und Wyss nennen ihn einen «Sonderling». Er hat sechs Quadrate von einem Würfel und acht gelbe Dreiecke von einem Oktaeder, die aber beide verdreht sind. Ähnlich wie beim Rhombenkuboktaeder (Abb. 119) verbinden die gelben Dreiecke mit ihren Ecken jeweils drei Quadrate. Die zwölf Lücken sind paarweise von weißen Dreiecken gefüllt. Der Körper hat also noch weitere 24 weiße Dreiecke, das sind zusammen 6 + 8 + 24 = 38 Flächen. Die 24 Ecken sind alle aus vier Dreiecken und einem Quadrat aufgebaut, also unregelmäßig fünfflächig. Der Kubus simus hat sechzig Kanten. Die Anzahl der Kanten des Kubus simus berechnet sich mit der Formel von Euler (S. 30) zu 38 + 24 − 2 = 60.

Die Entstehung des Kubus simus lässt sich aus dem Rhombenkuboktaeder ableiten. Dazu muss man sich die lila Quadrate so lange gedreht vorstellen, bis die weißen Quadrate in zwei gleichseitige Dreiecke zerbrochen sind.

Abb. 122: Rhombenikosidodekaeder

Die drei noch nicht vorgestellten goldenen archimedischen Körper sind das Rhombenikosidodekaeder, der Ikosidodekaederstumpf und das Dodekaeder simum.

Das **Rhombenikosidodekaeder** (Abb. 122 und Foto S. 122) ist dem Ikosidodekaeder (Abb. 26 e, S. 45, und Abb. 65, S. 80) ähnlich. Es hat ebenso wie dieses zwölf Fünfecke und zwanzig Dreiecke. Dazu kommen dreißig Quadrate, sodass es insgesamt 12 + 20 + 30 = 62 Flächen hat. So wie die Fünfecke von einem Dodekaeder stammen und die Dreiecke von einem Ikosaeder, stammen die Quadrate von einem Dreißig-Rhomben-Körper. Man zählt 120 Kanten. Die sechzig Ecken sind alle vierflächig, bestehend aus je einem Fünfeck, einem Dreieck und zwei Quadraten. Die Dreiecke verbinden die Fünfecke miteinander, und die Quadrate füllen die Lücken.

Das Rhombenikosidodekaeder erhalten wir durch Stutzen eines Dreißig-Rhomben-Körpers, daher der Name. Es wird bis zu den Kantenmitten gestutzt. Dabei entstehen zwölf Fünfecke und zwanzig Dreiecke. Von den Rhomben bleiben dreißig weiße Quadrate stehen.

Der **Ikosidodekaederstumpf** (Abb. 123) ist auch dem Ikosidodekaeder ähnlich. Er hat zwölf große Zehnecke von den Dodekaederfünfecken, zwanzig mittelgroße Sechsecke von den Ikosaederdreiecken und dazwischen dreißig kleine Quadrate. Zusammen sind das wieder 12 + 20 + 30 = 62 Flächen. An jeder der 120 Ecken treffen sich ein Zehneck, ein Sechseck und ein Quadrat, also von jeder Sorte eines. Der Körper hat 72 Kanten. Er ist der dritte archimedische Körper, der aus *drei* verschiedenen Flächen aufgebaut ist.

Wenn man ein Ikosidodekaeder stutzt, erhält man Rechtecke und keine Quadrate. Der Ikosidodekaederstumpf entsteht also nicht durch Stutzen des Ikosidodekaeders. Die größten Flächen des Ikosidodekaederstumpfes sind die zwölf vom Dodekaeder stammenden Zehnecke. Wenn man einem Dodekaeder dieser Größe die Ecken *und die Kanten* in richtiger Tiefe stutzt, entsteht der Ikosidodekaederstumpf. Durch das Stutzen der Ecken entstehen die Sechsecke, durch das Stutzen der Kanten die Quadrate, und von den Dodekaederflächen bleiben die Zehnecke stehen.

Das **Dodekaeder simum** (Abb. 124) ist der zweite «Sonderling». Es hat zwölf Fünfecke von einem Dodekaeder und zwanzig blaue Dreiecke von einem Ikosaeder, die aber alle verdreht sind. Die blauen Dreiecke verbinden mit ihren Ecken jeweils drei Fünfecke. Die Lücken sind paarweise von weißen Dreiecken gefüllt. Der Körper hat also außerdem noch weitere sechzig weiße Dreiecke, das sind zusammen 12 + 20 + 60 = 92 Flächen. Der Körper hat 150 Kanten. Die sechzig Ecken sind alle aus vier Dreiecken und einem Fünfeck aufgebaut, also fünfflächig.

Die Anzahl der Kanten des Dodekaeder simum, berechnet mit der Formel von Euler (S. 30): 92 + 60 – 2 = 150.

Die Entstehung des Dodekaeder simum lässt sich aus dem Rhombenikosidodekaeder ableiten. Dazu muss man sich die Fünfecke so weit gedreht vorstellen, bis die weißen Quadrate in zwei gleichseitige Dreiecke zerbrochen sind.

Alle dreizehn archimedischen Körper zu bauen bietet keine größeren Schwierigkeiten, verlangt aber Ausdauer.

Abb. 123: Ikosidodekaederstumpf

Abb. 124: Dodekaeder simum

Es gibt 13 archimedische Körper. Sie haben wie die platonischen Körper regelmäßige Flächen, aber nicht nur einer Art, sondern auch in zwei oder drei Arten. Es kommen außer den drei-, vier- und fünfeckigen Flächen der platonischen Körper auch sechs-, acht- und zehneckige Flächen vor.

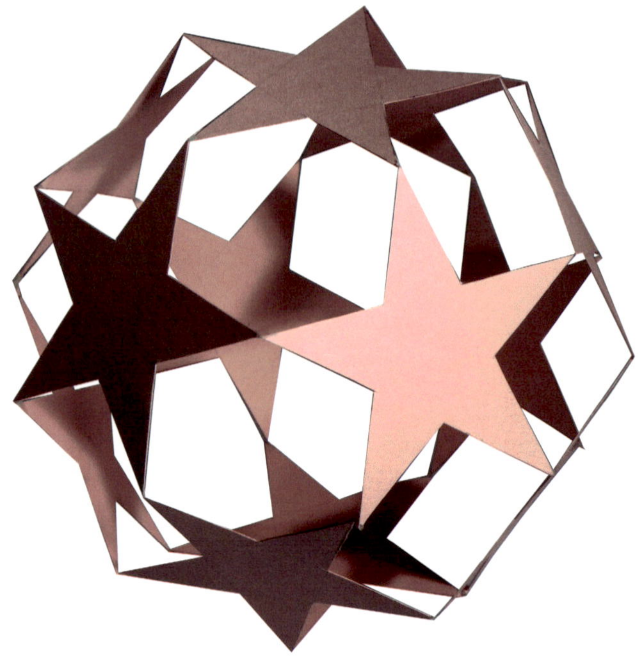

Abb. 130: Offenes, gekerbtes Dodekaeder

Abb. 131: Offenes Ikosidodekaeder aus Pentagrammen

Die Pentagramme können noch lockerer zusammengesetzt werden (Abb. 131).

Auch diese Gebilde kann man selber bauen. Als Material eignet sich «Fotokarton» (300 g/m²).

Ein Tipp: Verwenden Sie helle Farbtöne, auf dunklen sind die nötigen Bleistiftstriche schlecht zu sehen.

Wo Kantenstücke den Zusammenhalt geben (Abb. 125 – 128 jeweils links und Abb. 129), entstehen keine Probleme. Wo der Zusammenhalt nur über Ecken stattfindet (Abb. 125 – 128 jeweils rechts und Abb. 130 und 131), sind Geduld, Geschicklichkeit und ruhige Hände Voraussetzung. Man verwendet beim Bau solcher Gebilde geeignete Gegenstände als Stützen. Ein Tröpfchen Klebstoff hält die Ecken zusammen, «Ponal» oder «Uhu-hart» eignen sich.

Auch die übrigen archimedischen Körper lassen sich öffnen, indem man jeweils eine Sorte von Flächen weglässt. Das sind weitere Möglichkeiten zum Ausprobieren für Sie, liebe Leser.

Von den platonischen Körpern ist nur das Oktaeder auf die beschriebene Weise zu öffnen (Abb. 125 rechts). Das Tetraeder hat zu wenige Seiten; Würfel, Dodekaeder und Ikosaeder haben Ecken mit ungeraden Flächenzahlen.

Prismen und Spindeln

Säulen sind gewöhnlich hoch und haben ringsum lauter schlanke Rechtecke. Sie können aber auch niedriger sein und an den Seiten Quadrate haben. Man nennt sie dann «Prismen» (Abb. 132 a). Statt der Quadrate können auch gleichseitige Dreiecke dienen, dann nennt man die Gebilde «Antiprismen» (Abb. 132 b). Eigentlich könnte man beide zu den archimedischen Körpern zählen, denn sie bestehen aus zweierlei regelmäßigen Flächen. Es gäbe unendlich viele Körper dieser Art, denn als Grundfläche kommen auch Achtecke, Neunecke, Zehnecke usw. infrage. Es ist verständlich, dass diese Gebilde, die *eine* ausgezeichnete Achse haben, nicht zu den archimedischen Körpern gezählt werden.

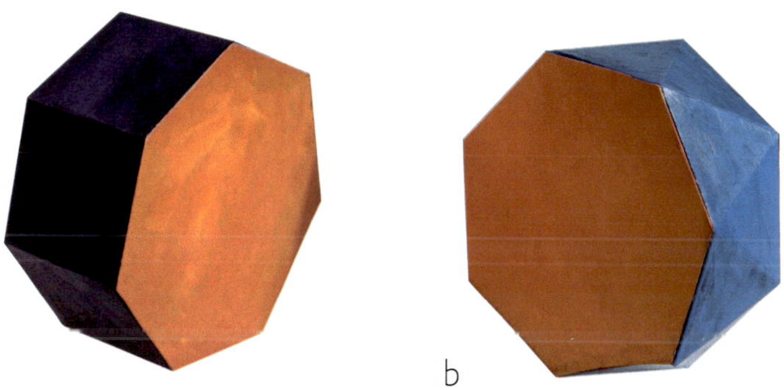

Abb. 132: Siebeneckiges Prisma (a) und siebeneckiges Antiprisma (b)

Der Würfel kann als ein Spezialfall der Prismen angesehen werden und das Oktaeder als ein Spezialfall der Antiprismen.

Zu diesen Körpern gibt es natürlich auch polare Körper, sie sind in Abb. 133 dargestellt. Man nennt sie «Spindeln» und «Antispindeln».

Je mehr Ecken die Grundflächen der Prismen haben, desto niedriger werden die Prismen, Säulen immer unähnlicher. Die polaren Spindeln werden immer länger und spitzer.

Es gibt unzählig viele Prismen und Antiprismen, die aus zwei verschiedenen regelmäßigen Flächen aufgebaut sind und eine bevorzugte Achse haben. Die polaren Körper sind die Spindeln und Antispindeln.

Abb. 133: Siebeneckige Spindel und siebenflächige Antispindel

Catalanische Körper

Zu jedem archimedischen Körper gibt es einen polaren Körper. Diese nennt man nach dem belgischen Mathematiker Eugène Charles Catalan (1814–1894) die «catalanischen Körper». Gemäß dem Polaritätsgesetz sind die Ecken der dreizehn catalanischen Körper regelmäßig, aber von verschiedener Zähligkeit und die Flächen untereinander alle gleich, aber nicht regelmäßig. Die Anzahl der Kanten ist jeweils so groß wie bei den polaren archimedischen Körpern. Alle catalanischen Körper haben eine Inkugel und eine Kantenkugel, aber keine Umkugel. Auch die catalanischen Körper sind konvex.

Wir haben bisher sieben catalanische Körper kennengelernt, die alle durch Zelten entstanden sind: vom Tetraeder das Pyramidentetraeder, von den irdenen Körpern Pyramidenwürfel, Pyramidenoktaeder und Rhombendodekaeder, von den goldenen Körpern Pyramidendodekaeder, Pyramidenikosaeder und Dreißig-Rhomben-Körper. Alle diese Körper haben lauter Flächen gleicher Art und Ecken von zwei verschiedener Art.

Nachfolgend sind die bereits bekannten sieben catalanischen Körper noch einmal in Begleitung ihrer archimedischen Körper paarweise vorgestellt (Abb. 134 – 140). Weil es bei den catalanischen Körpern insbesondere um die Ecken geht, sind diese in den folgenden Abbildungen in den Farben der entsprechenden Flächen der platonischen Körper gehalten. Der Rest der Flächen ist neutral grau gefärbt.

Abb. 134: Pyramidentetraeder, polar zum Tetraederstumpf

Abb. 135: Pyramidenwürfel, polar zum Oktaederstumpf

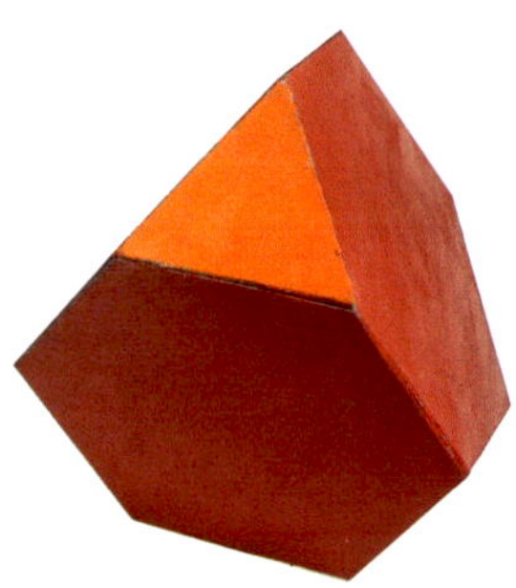

Abb. 136: Pyramidenoktaeder, polar zum Würfelstumpf

Abb. 137: Rhombendodekaeder, polar zum Kuboktaeder

Abb. 138: Pyramidendodekaeder, polar zum Ikosaederstumpf

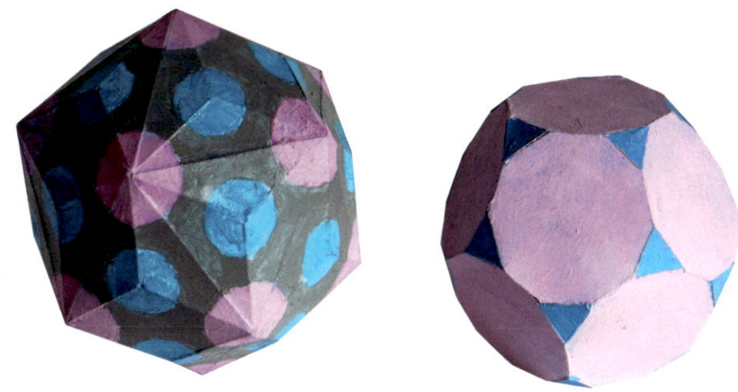

Abb. 139: Pyramidenikosaeder, polar zum Dodekaederstumpf

Abb. 140: Rhomben-Dreißigflächner, polar zum Ikosidodekaeder

Dazu kommen noch sechs neue, bisher unbekannte catalanische Körper (Abb. 141 – 146); drei sind zu irdenen platonischen Körpern polar und drei sind zu goldenen platonischen Körpern polar.

Abb. 148: Kern und Hülle der Durchdringung Tetraederstumpf und Pyramidentetraeder

In entsprechender Weise durchdringen sich die Abkömmlinge von Würfel und Oktaeder: der gestutzte Würfel mit dem gezelteten Oktaeder (Abb. 149) und umgekehrt das gestutzte Oktaeder mit dem gezelteten Würfel (Abb. 150).

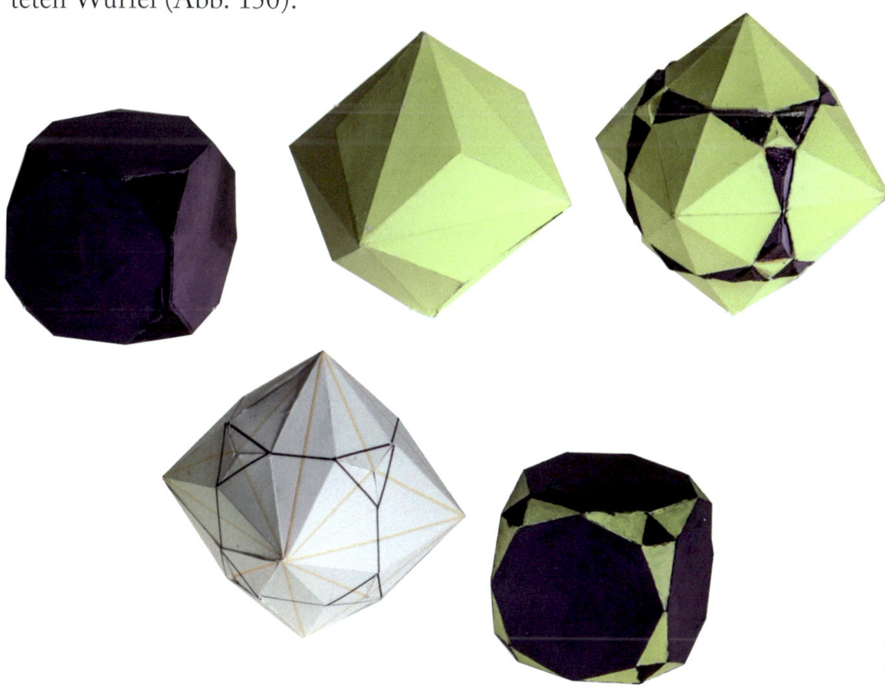

Abb. 149: Gestutzter Würfel, gezeltetes Oktaeder, Durchdringung, Hülle, Kern

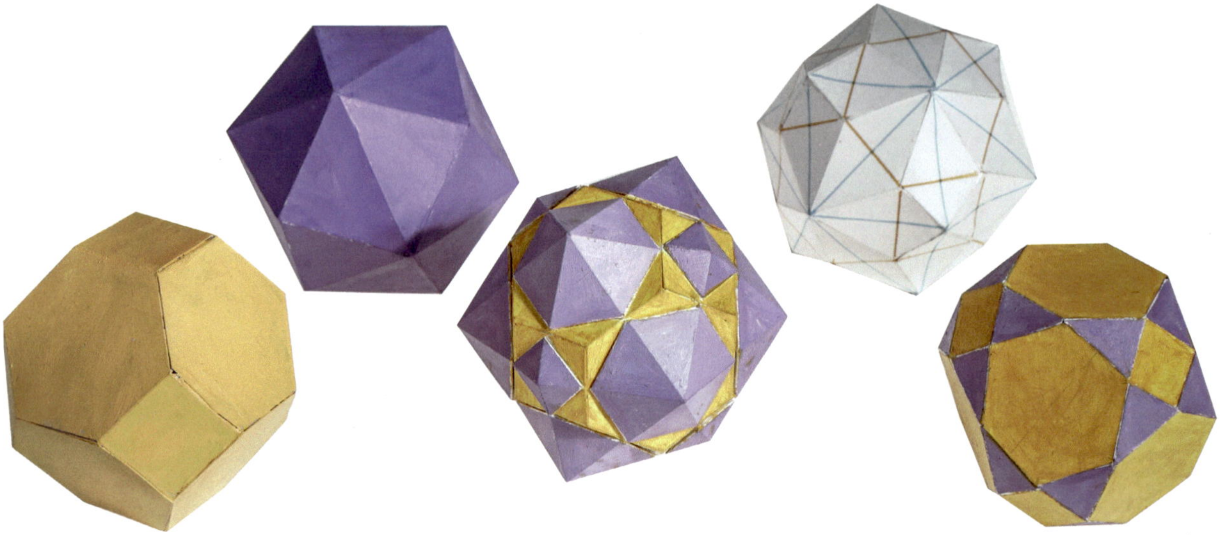

Abb. 150: Gestutztes Oktaeder, gezelteter Würfel, Durchdringung, Hülle, Kern

Die Durchdringungskerne sind besonders schöne Formen; in Abb. 151 sind sie noch einmal zusammengestellt.

Die Durchdringungen der Abkömmlinge von den goldenen Körpern sind weniger interessant, weil sie sehr viele Flächen haben und daher fast Kugeln sind.

Abb. 151: Die Kerne der Durchdringungen von gestutztem und gezeltetem Tetraeder, Würfel und Oktaeder

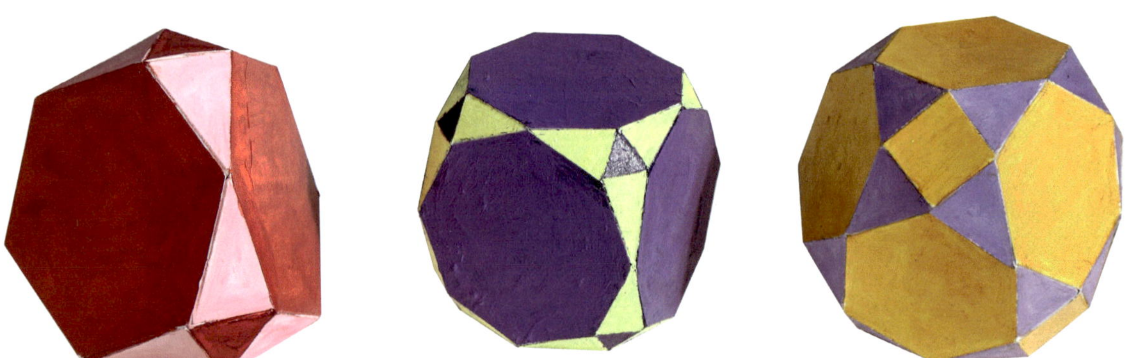

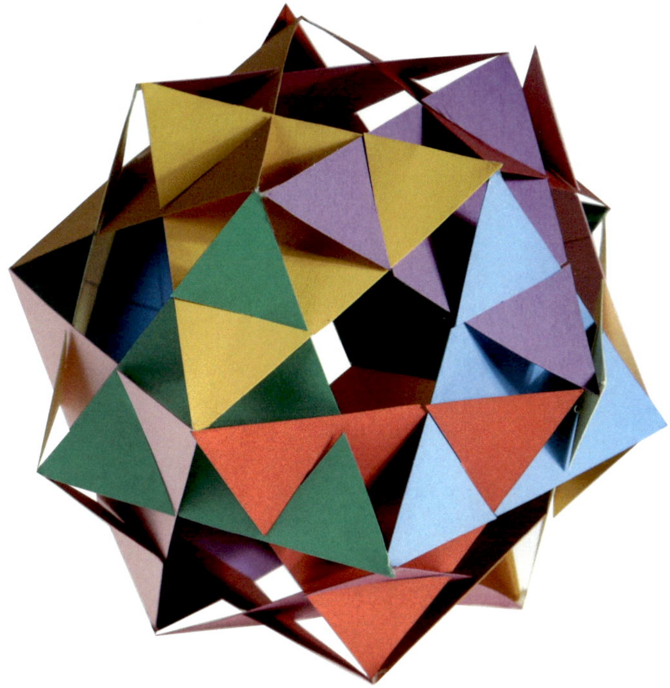

Durch das Kerben sind alle Kanten des Dodekaeders restlos verschwunden. Der neue Körper, das gekerbte Dodekaeder, hat als Flächen zwölf Pentagramme und sechzig gleichseitige Dreiecke, zusammen also 72 Flächen. Die Dreiecke sind paarweise durch einen Knick miteinander verbunden. Für jede der dreißig weggenommenen Dodekaederkanten sind fünf neue Kanten entstanden. Der Körper hat $5 \cdot 30 = 150$ Kanten, dreißig davon sind konkav. Zu den zwanzig alten Ecken sind sechzig neue dazugekommen, macht zusammen achtzig Ecken. Die alten Ecken waren dreiseitig, sie sind sechsseitig geworden (alternierend mit 36° und 60°). In den Farben Gold und Silber macht sich das gekerbte Dodekaeder besonders gut (siehe Foto links).

Am gekerbten Dodekaeder erkennen wir unter jeder alten Ecke eine sechsseitige Pyramide. Die Basissechsecken der Pyramiden sind goldene Sechsecke. Wenn wir diese zwanzig goldenen Pyramiden an ihrer Basis abschneiden, bleiben von den Pentagrammen nur die Kernfünfecke übrig. Der Restkörper ist aus diesen zwölf kleinen, regelmäßigen Fünfecken und den zwanzig goldenen Sechsecken aufgebaut (Abb. 153). Es besteht eine Ähnlichkeit zum gestutzten Ikosaeder, dem Ikosaederstumpf.

Abb. 153 (links): Körper aus goldenen Sechsecken und regelmäßigen Fünfecken

Abb. 154: Gebilde aus zwanzig Dreiecken

Dieser besonders reizvolle Körper links ist leider nicht ganz einfach zu bauen. Empfehlung: Die zwölf Fünfsterne mit jeweils fünf gleichseitigen Dreiecken daran zusammenkleben.

Abb. 155: Der erste Keplerstern als gekerbter Würfel

Jede alte Ecke des gekerbten Dodekaeders ist die Spitze einer sechsseitigen Pyramide. Diese Pyramiden stehen in der Mitte von großen, regelmäßigen Dreiecken. Es gibt zwanzig solche großen Dreiecke, die sich gegenseitig durchdringen (Abb. 154). Wir kommen zu diesem Gebilde auch, wenn wir die Pentagrammflächen am gekerbten Dodekaeder wegnehmen und jeweils drei kleine Dreiecke zu einem großen verbinden. Die zwanzig großen Dreiecke bilden keinen geschlossenen Körper, deswegen sprechen wir von einem «Gebilde». Immer zwei gegenüberliegende solche großen Dreiecke sind zueinander parallel.

Nachdem das Kerben des Dodekaeders zu solch interessanten Ergebnissen führte, ist es naheliegend, das Kerben auch an den vier anderen platonischen Körpern zu versuchen.

Flächendiagonalen hat außer dem Dodekaeder nur noch der **Würfel** (Abb. 155). Wir kerben einen Würfel den Kreuzen der aufgezeichneten Flächendiagonalen entlang bis zum Mittelpunkt der Würfelflächen. Ein alter Bekannter tritt uns entgegen, der erste Keplerstern.

Durch das Kerben des Würfels sind wieder alle Kanten restlos verschwunden. Von den Flächen sind nur noch die Diagonalen als neue Kanten da und der Mittelpunkt als deren Kreuzungspunkt. Die Würfelecken haben das Kerben überstanden, sie sind aber spitzer geworden.

Die noch verbliebenen platonischen Körper haben alle dreieckige Flächen und somit keine Flächendiagonalen. Wir nehmen anstelle der Diagonalen die längeren Teile der drei Höhen in den Dreiecksflächen. So können wir wieder Kerbschnitte machen.

Aus dem **Tetraeder** wird durch Kerben ein kleines Tetraeder mit vier aufgesetzten, sehr spitzen dreiflächigen Zacken (Abb. 156). Dieser Sternkörper hat zwölf Flächen und acht Ecken, vier davon sind dreisei-

Abb. 156: Das gekerbte Tetraeder

tig, die anderen vier sechsseitig, teilweise einspringend, dazu achtzehn Kanten, sechs davon sind einspringend. Dies ist der spitzeste Körper dieser Abhandlung.

Das Besondere am gekerbten Tetraeder ist, dass drei Kanten immer genau in einer Ebene liegen. Vom ursprünglichen Körper sind nur die Ecken in verwandelter Form übrig geblieben.

Aus dem **Oktaeder** wird durch Kerben ein Würfel mit aufgesetzten spitzen vierflächigen Zacken (Abb. 157). Dieser Sternkörper hat $6 \cdot 4 = 24$ Flächen, $6 + 8 = 14$ Ecken, 8 davon teilweise konkav und $6 \cdot 4 + 12 = 36$ Kanten, 12 davon konkav.

Abb. 157: Das gekerbte Oktaeder

Das Besondere am gekerbten Oktaeder ist, dass auch wieder je drei konvexe Kanten genau in einer Ebene liegen. Auch hier sind von dem ursprünglichen Körper nur die Ecken in verwandelter Form und die Flächenmitten übrig geblieben.

Abb. 158: Das gekerbte Ikosaeder

Durch Kerben der platonischen Körper, den Flächendiagonalen bzw. bei Dreiecken deren Höhen entlang, entstehen die jeweils polaren Körper mit aufgesetzten Pyramiden. Eine Ausnahme macht das Dodekaeder, es ist der einzige platonische Körper, bei dem beim Kerben von den Flächen mehr als der Mittelpunkt übrig bleibt. Aus dem Würfel wird der bekannte Keplerstern. Auffallend schön ist das gekerbte Dodekaeder. Dieser Körper und der gekerbte Würfel lassen sich in den Kerben mit Ikosaedern bzw. Oktaedern bestücken.

Aus dem **Ikosaeder** wird durch Kerben ein Dodekaeder mit aufgesetzten stumpfen fünfflächigen Zacken (Abb. 158 und Foto rechts). Dieser sehr stumpfe Sternkörper ähnelt dem Dodekaeder mit aufgesetzten Ikosaederecken (Abb. 101, S. 105). Er hat 12 · 5 = 60 dreieckige Flächen, 12 + 20 = 32 Ecken (die zwanzig sind teilweise einspringend) und 12 · 5 + 30 = 90 Kanten. Die neu entstandenen Dreiecke sind alle untereinander gleich, aber nicht ganz regelmäßig. Das Volumen ist durch das Kerben nur geringfügig verkleinert worden.

Alle fünf gekerbten platonischen Körper haben als Hülle natürlich ihre ungekerbte Variante. Einen besonderen Kern haben sie nicht, weil die Kerb-Schnitt-Ebenen sich nicht ins Innere fortsetzen.

Bei allen Kerben sind Dreiecke entstanden. Wir können versuchen, die gekerbten Körper in ihren Kerben zu bestücken. Infrage kommen die drei platonischen Körper, die aus Dreiecken bestehen: Tetraeder, Oktaeder und Ikosaeder. Wieder können wir staunen, denn ein Ikosaeder entsprechender Größe passt genau in die Dodekaederkerben, die Winkel stimmen genau, das Ikosaeder wackelt darin nicht (Abb. 159).

Bei der trigonometrischen Berechnung des Winkels stößt man bei der Kerbe und beim Körper auf das gleiche stumpfwinklige Dreieck, bestehend aus der ursprünglichen Dodekaederkante und den Höhen der gleichseitigen Dreiecke.

Gleiches geschieht, wenn man Oktaeder entsprechender Größe in die Kerben des gekerbten Würfels setzt (Abb. 160).

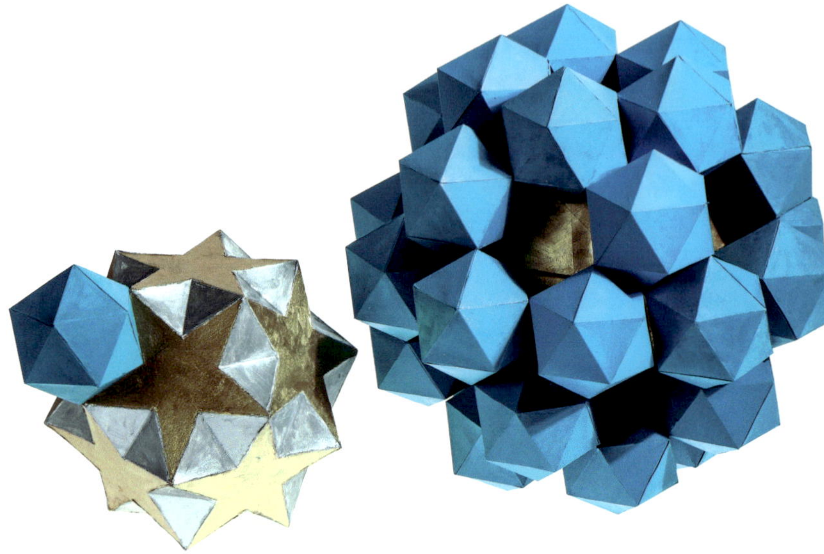

Abb. 159: Gekerbtes Dodekaeder, mit Ikosaedern bestückt

Bei der trigonometrischen Berechnung des Winkels stößt man bei der Kerbe und beim Körper auf das gleiche stumpfwinklige Dreieck, bestehend aus der ursprünglichen Würfelkante und den Höhen der gleichseitigen Dreiecke.

Die restlichen gekerbten platonischen Körper lassen sich nicht in entsprechender Weise bestücken.

Abb. 160: Gekerbter Würfel, mit Oktaedern bestückt

Diagonalen im Dodekaeder

Die längsten Raumdiagonalen im Dodekaeder sind die «Durchmesser», von einer Ecke zur gegenüberliegenden gehend. Weil das Dodekaeder zwanzig Ecken hat, gibt es davon zehn, die sich alle im Mittelpunkt treffen. Die kürzesten Raumdiagonalen im Dodekaeder, die jeweils eine Ecke mit der drittnächsten Ecke verbinden, liefern uns die Kanten der Tetraeder. Weil es im Dodekaeder zehn Tetraeder mit je sechs Kanten gibt, existieren $10 \cdot 6 = 60$ solche kürzesten Raumdiagonalen.

Dazwischen gibt es noch mittellange Diagonalen, sie verbinden eine Ecke mit den drei Nachbarecken der gegenüberliegenden Ecke. Weil das Dodekaeder zwanzig Ecken hat, müsste es $20 \cdot 3 = 60$ davon geben. So haben wir aber doppelt gezählt, von beiden Enden her. Es sind nur dreißig solche Diagonalen vorhanden.

$10 + 60 + 30 = 100$. Das Dodekaeder hat hundert Raumdiagonalen, kein anderer platonischer Körper hat auch nur annähernd so viele. Es lohnt sich, das Innere des Dodekaeders genauer anzusehen.

Sternkörper

Die zuletzt genannten Diagonalen im Dodekaeder, die mittellangen, spannen im Inneren des Körpers zwölf sich gegenseitig durchdringende Pentagramme auf. Diese bilden zusammen einen Stern mit zwanzig dreiseitigen Zacken (Abb. 161). Der Kern dieses Sternes ist ein Ikosaeder, daher der Name «Ikosaederstern». Die Schale ist das Dodekaeder, von dem wir ausgingen.

Raumdiagonalen von Dodekaeder und Ikosaeder bilden den Ikosaeder- und den Dodekaederstern. Der Kern ist jeweils der zur Hülle polare platonische Körper. Beide können aufgefasst werden als 12 sich durchdringende Pentagramme.

Zu diesem prächtigen Stern können wir auch auf einem anderen Weg kommen: Wir verlängern die Kanten eines Ikosaeders beidseitig, bis sich jeweils drei in einem Punkt treffen. So bekommen wir den gleichen zwanzigzackigen Ikosaederstern. Lässt man in unserer Schachtelung Würfel, Tetraeder und Oktaeder weg, so steht das innere Ikosaeder in gleicher Größe und gleicher Lage zum äußeren Dodekaeder wie in dem eben kennengelernten Ikosaederstern.

Nachdem wir im Dodekaeder einen so prächtigen Stern gefunden haben, werden wir im Ikosaeder ebenfalls nachsehen. Das Ikosaeder hat zwölf Ecken und daher sechs Durchmesserdiagonalen, die sich im

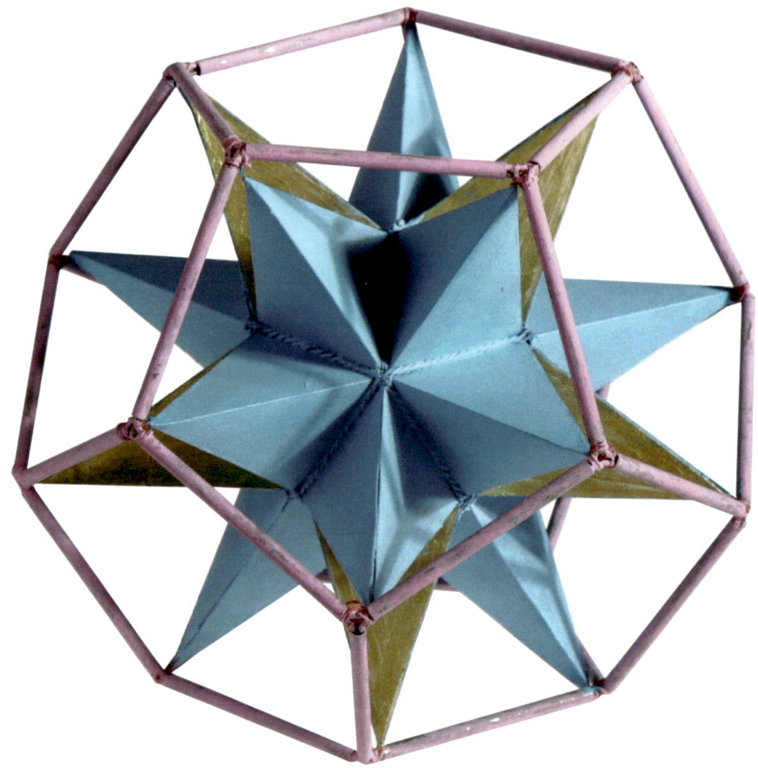

Abb. 161: Der zwanzigzackige Ikosaederstern im Dodekaeder

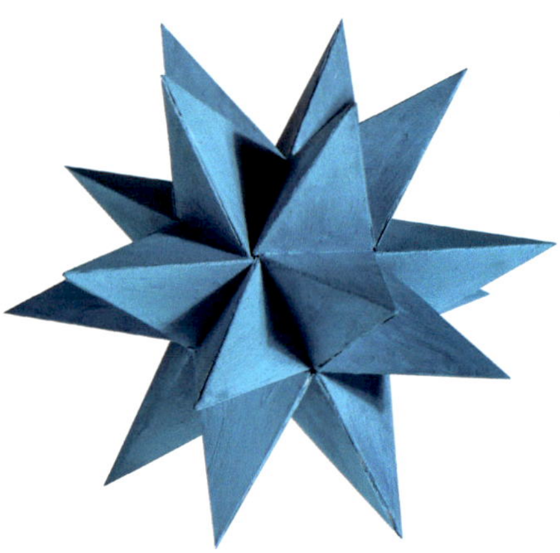

Mittelpunkt treffen. Eine zweite Art von Diagonalen läuft unter jeder Kante quer durch. Weil das Ikosaeder dreißig Kanten hat, gibt es dreißig solche Diagonalen. Eine dritte Art von Diagonalen gibt es nicht im Ikosaeder, es hat nur 36 Diagonalen.

Unter jeder der zwölf Ikosaederecken befindet sich ein Fünfeck, gebildet aus fünf Ikosaederkanten. In diesen Fünfecken liegen die oben genannten Raumdiagonalen. Es ergeben sich daraus zwölf sich gegenseitig durchdringende Pentagramme. Diese bilden ebenfalls einen Stern, er hat zwölf fünfflächigen Zacken im Inneren des Ikosaeders (Abb. 162). Der Kern dieses Sternes ist ein Dodekaeder, daher der Name «Dodekaederstern». Die Schale ist das Ikosaeder, von dem wir ausgingen.

Auch zu diesem prächtigen Stern können wir auf einem anderen Weg kommen: Wir verlängern die Kanten eines Ikosaeders beidseitig, bis sich jeweils fünf in einem Punkt treffen. So bekommen wir den gleichen zwanzigzackigen Stern. Diesmal ist umgekehrt das Dodekaeder der Kern und das Ikosaeder die Schale. Es herrscht Polarität.

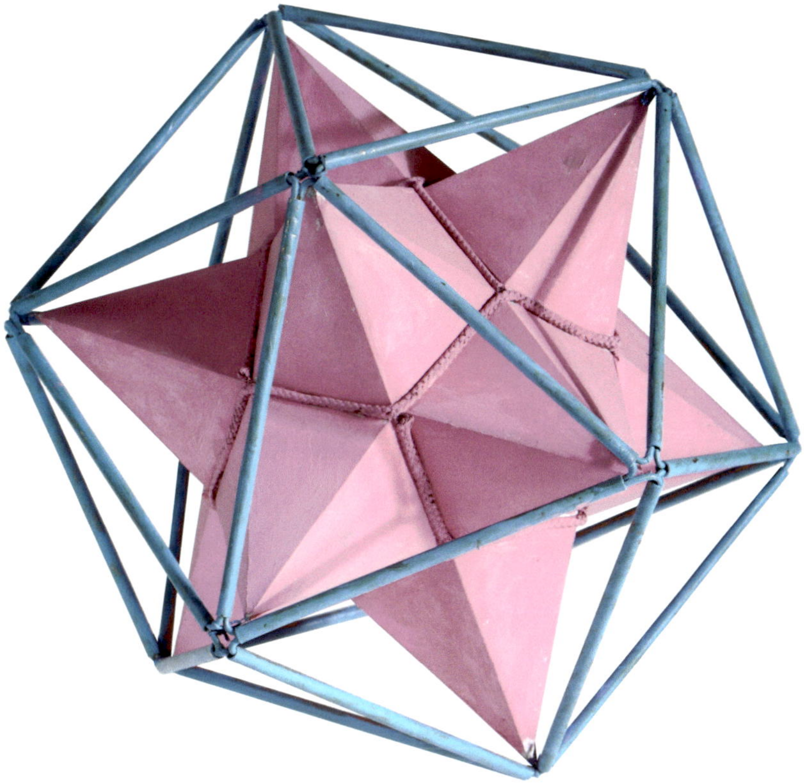

Abb. 162: Der zwölfzackige Dodekaederstern im Ikosaeder

Die Zacken sind bei beiden Sternkörpern aus spitzen, goldenen Dreiecken aufgebaut. Der eine hat zwanzig dreiseitige Zacken und der andere zwölf fünfseitige. Beide Körper haben also sechzig gleiche goldene Dreiecke als Flächen (Abb. 163). Beide Sternkörper können also auch aus zwölf sich in unterschiedlicher Weise durchdringenden Pentagrammen aufgebaut werden.

Es wurde schon erwähnt, dass Johannes Kepler einen Stern aus zwei Tetraedern gefunden und beschrieben hat. Er hat auch die beiden eben behandelten Sternkörper als Erster beschrieben. Es gibt insgesamt drei Keplersterne.

Das Dodekaeder und das Ikosaeder in Abb. 161 und 162 sind aus Messingröhrchen aufgebaut, die durch entsprechende Bügel zusammengehalten werden. Dies sind Teile vom Experimentierkasten «Platonische Körper» und können vom Verfasser bezogen werden.[9]

Abb. 163: Ikosaederstern (S. 148, links unten) und Dodekaederstern (rechts unten), beides Keplersterne

Die Poinsot-Körper

Der Mathematiker und Physiker Louis Poinsot (1777–1859) lebte in Paris. Er fand 1809 zwei Körper im Ikosaeder, die nach ihm benannt wurden.

Im Ikosaeder liegt unter jeder Ecke ein Fünfeck. Wir betrachten jetzt dieses und nicht, wie im vorangehenden Kapitel, das Pentagramm darin. Weil das Ikosaeder zwölf Ecken hat, gibt es zwölf solche Fünfecke. Sie durchdringen sich gegenseitig und bilden in ihrer Gesamtheit einen interessanten Körper (Abb. 164). Dies ist der erste «Poinsot-Körper». Wir sind ihm schon einmal begegnet als Ikosaeder mit eingestülpten Dodekaederecken (Abb. 104 b, S. 107).

Als Hülle hat dieser Körper das Ikosaeder, von dem wir ausgingen. Den Kern erkennen wir leicht an den zwanzig eingestülpten Ecken als Dodekaeder.

Der erste Poinsot-Körper ist also aus zwölf regelmäßigen Fünfecken aufgebaut, er hat zwölf gleiche, zehnseitige Ecken (mit fünf eingestülpten Kanten). Dieses Gebilde wäre ein weiterer platonischer Körper, wenn sich die Fünfecke nicht gegenseitig durchdringen würden, d.h. wenn der Körper konvex wäre.

Unter den dreißig konvexen Kanten dieses Poinsot-Körpers befinden sich dreißig «Zwickel». Es handelt sich um Vierflächner, also um Tetraeder besonderer Art. Zwei die konvexen Kanten bildenden Flächen sind als Teile der Fünfecksflächen stumpfe goldene Dreiecke. Die anderen zwei Flächen des Zwickel-Tetraeders sind spitze goldene Dreiecke. Wir können die Zwickel «goldene Tetraeder» nennen (Abb. 165). Durch Wegnehmen dieser dreißig goldenen Tetraeder aus dem Poinsot-Körper wird er zu einem Stern, zu Keplers Dodekaederstern (Abb. 163 rechts). Umgekehrt wird der Dodekaederstern zum ersten Poinsot-Körper durch Erweiterung mit dreißig goldenen Tetraedern.

Unter jeder Fläche ist im Ikosaeder ein Dreieck aus Raumdiagonalen zu finden. Weil das Ikosaeder zwanzig Flächen hat, gibt es zwanzig solche Dreiecke. Sie durchdringen sich auch gegenseitig und bilden in ihrer Gesamtheit den zweiten Poinsot-Körper (Abb. 166).

Im Ikosaeder finden sich die zwei Poinsot-Körper. Sie bestehen aus 12 sich durchdringenden Fünfecken bzw. aus 20 sich durchdringenden Dreiecken. Die Kerne sind ein Dodekaeder bzw. ein Ikosaeder.

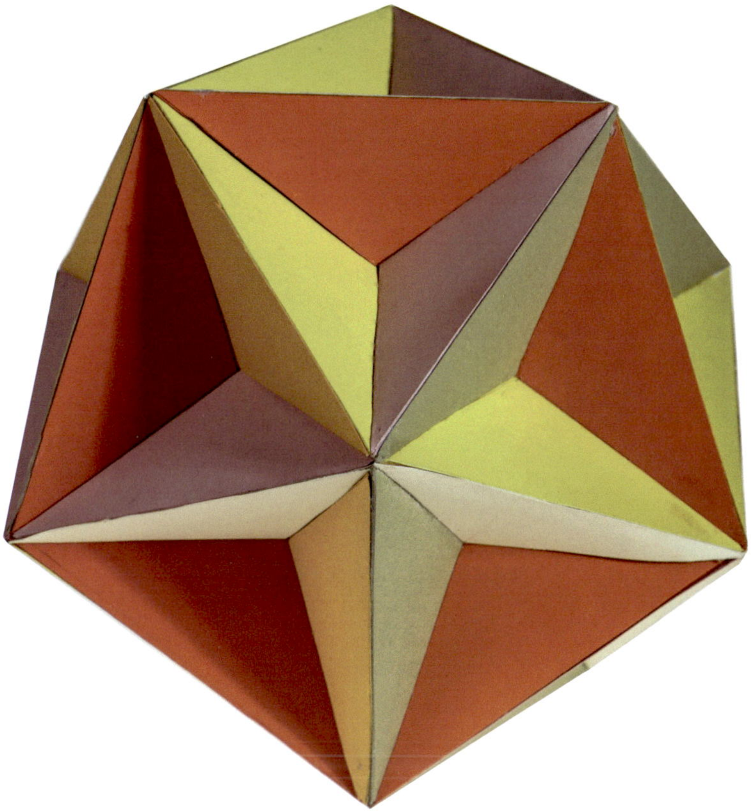

Abb. 164: Der erste Poinsot-Körper

Abb. 165: Zwei goldene Tetraeder

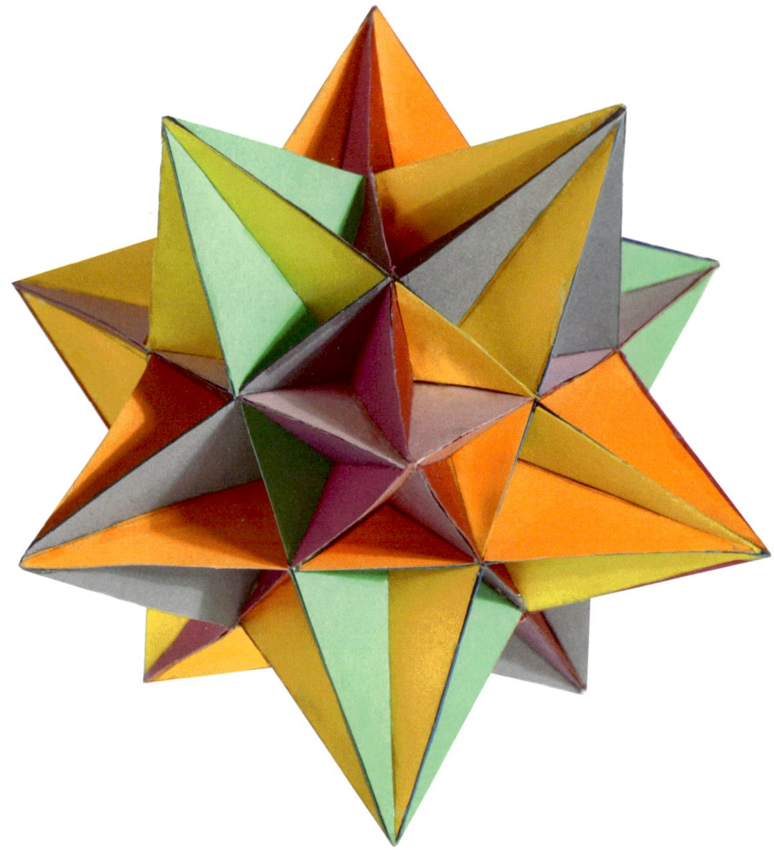

Abb. 166: Der zweite Poinsot-Körper

Abb. 167: Der Schlüssel zum zweiten Poinsot-Körper

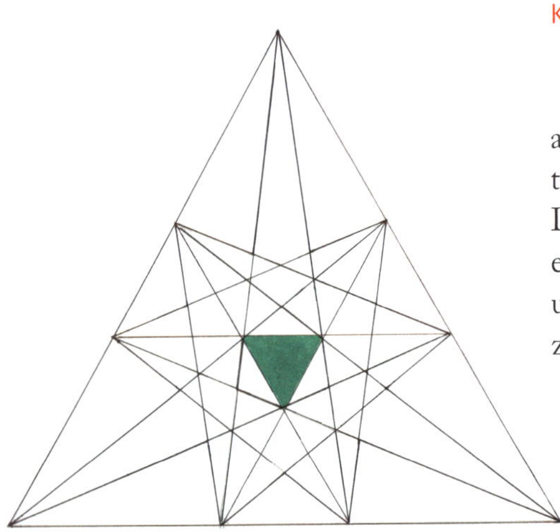

Der Bau dieses Körpers ist sehr anspruchsvoll. Man benötigt dazu als «Schlüssel» die Schnittlinien auf einem der zwanzig Dreiecke (Abb. 167). Die Kanten des Dreiecks sind doppelt im goldenen Schnitt geteilt.

Die Hülle des zweiten Poinsot-Sterns ist das Ikosaeder, von dem wir ausgingen. Um den Kern des zweiten Poinsot-Sterns zu finden, betrachten wir den Schlüssel (Abb. 167). Er hat innen letztlich ein gleichseitiges Dreieck. Daran lässt sich wieder das Ikosaeder als Kern erkennen. So etwas ist uns noch nicht begegnet: ein Körper mit Ikosaeder als Schale und als Kern. Auch dieser Körper würde zu den platonischen Körpern zählen, wenn er nicht konkav wäre.

Erweiterung der platonischen Körper

Die strengen Bedingungen, die die platonischen Körper eingrenzen, haben wir schon einmal gelockert und kamen dadurch zu den archimedischen und catalanischen Körpern. Es ist auch eine andere Lockerung möglich: Wir bleiben bei der Bildung der Körper durch regelmäßige Flächen einer Art, lassen aber konkave Körper zu. Das heißt, wir lassen einspringende Ecken und Kanten zu. Es gehören dann die drei Keplersterne und die zwei Poinsot-Körper zu dieser erweiterten platonischen Familie. Auch die zwei Tetraederbündel gehören dazu sowie die Fünf-Würfel- und Fünf-Oktaeder-Bündel. Damit hätte sich die Zahl der platonischen Körper um neun auf vierzehn erweitert.

Der Mathematiker Locher-Ernst hat 1950 vorgeschlagen, die Erweiterung der platonischen Körper durch eine neue Definition festzulegen.

Abb. 168: Zwei Fünf-Tetraeder-Sterne, zwei Poinsot-Sterne, drei Keplersterne. Diese sieben Körper erweitern nach Locher-Ernst die Zahl der regelmäßigen Körper auf zwölf.

Durch eine neue Definition der Regelmäßigkeit kommt man zu 12 Raumkörpern: Zu den fünf platonischen Körpern kommen dazu die drei Keplersterne, die beiden Poinsot-Körper und die zwei spiegelbildlichen Tetraederfünflinge.

Diese beinhaltet die Drehung einer Kante des infrage stehenden Körpers um 180°. Wenn dann das Erscheinungsbild gleich geblieben ist, kann man von einer gewissen Regelmäßigkeit sprechen.

Durch diese Definition der Regelmäßigkeit fallen von unserer Aufzählung die Bündel von fünf Würfeln und fünf Oktaedern heraus. Es bleiben zwölf Mitglieder in der Familie der erweiterten platonischen Körper (Abb. 168).

Ein dritter Zwölf-Fünfeck-Körper

Das Dodekaeder und der erste Poinsot-Körper sind aus zwölf Fünfecken aufgebaut. Es gibt noch einen dritten Zwölf-Fünfeck-Körper.

Wir haben auf S. 148 f. zwei Sternkörper betrachtet, die sich aus Pentagrammen aufbauen lassen. Wir können diese Pentagramme zu Fünfecken ergänzen, indem wir die Spitzen der Zacken verbinden. Dadurch verlieren die beiden Körper ihren Sterncharakter, es entsteht etwas Neues. Aus dem Dodekaederstern wird, wie wir sahen, der erste Poinsot-Körper. Aus dem Ikosaederstern wird durch diese Manipulation ein ganz besonderer Körper, den wir hier genauer beschreiben wollen. Er besteht aus zwölf sich gegenseitig eng durchdringenden Fünfecken und ist der komplizierteste Körper in diesem Buch (Abb. 169).

Dieser Körper zeigt nach außen keine Flächen, sondern Flächenränder, wie die Kemper-Gebilde. Es ist aber kein solches, weil die zwölf Fünfecke keinen gemeinsamen Punkt haben, sie schließen ein kleines Dodekaeder als Kern ein. Von diesen Fünfecken sind jeweils zwei gegenüberliegende parallel.

Die Hülle ist offensichtlich ein Dodekaeder. Bei genauerem Hinsehen bemerken wir, dass man das Äußere dieses Körpers auch als ein gekerbtes Dodekaeder ansehen kann. Völlig neu ist, dass dieser Körper nach außen hin eine Menge offener Höhlen hat (Abb. 170).

Wir erkennen Höhlen dreierlei Arten: Erstens gibt es zwölf Pyramiden aus fünf spitzwinkligen, goldenen Dreiecken in den Pentagrammen (Abb. 170). Zweitens sind anschließend an diese Pyramiden jeweils fünf Höhlen in Form von goldenen Tetraedern zu finden, es gibt $12 \cdot 5 = 60$ dieser Art. Drittens befindet sich unter jeder Kante des Hülldodekaeders eine große Höhle aus zwei spitzwinkligen, goldenen Dreiecken und vier stumpfwinkligen, goldenen Dreiecken, dreißig

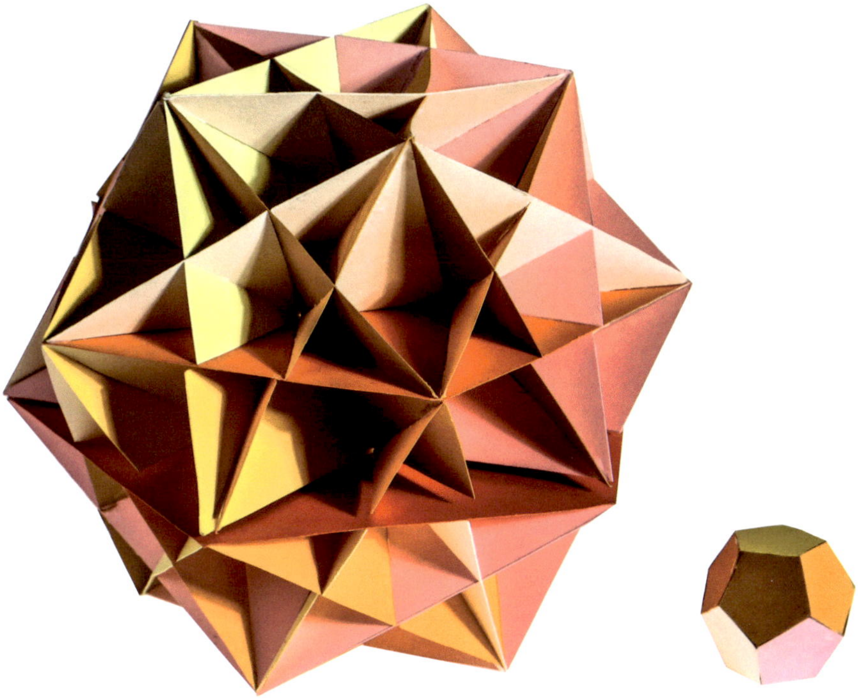

Abb. 169: Der dritte Zwölf-Fünfeck-Körper mit seinem Kerndodekaeder

Stück gibt es davon. Insgesamt hat der Körper außen 12 + 60 + 30 = 102 Höhlen.

Abb. 171 zeigt den Körper in einem ihn bildenden Fünfeck geschnitten. Durch diesen Schnitt hat man Einsicht in das Innere des Körpers und erkennt außer dem kleinen Kerndodekaeder weitere drei Arten von Hohlräumen. Abb. 172 zeigt diese Hohlräume herausgenommen.

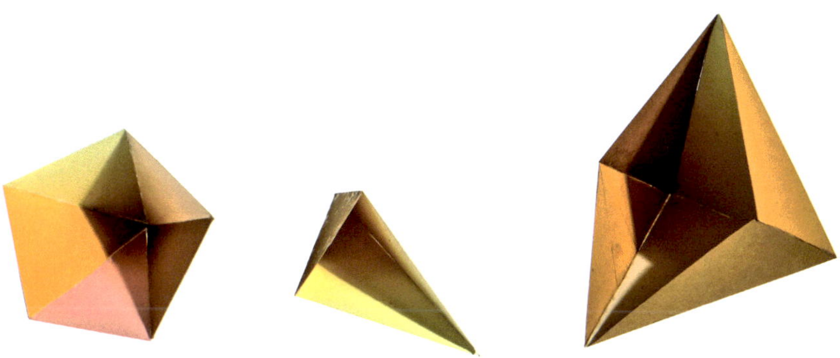

Abb. 170: Offene Höhlen herausgenommen

Abb. 171: Dritter Zwölf-Fünfeck-Körper, in einer ihn bildenden Fünfeckfläche geteilt

Wir sehen erstens über jeder Seitenfläche des Kerndodekaeders fünfseitige Pyramiden, insgesamt zwölf. Diese Hohlräume bilden zusammen mit dem Kern wieder einen kleinen Dodekaederstern. Zweitens sind unter jeder Fünfecksfläche fünf kleine, goldene Tetraederchen, das sind insgesamt dreißig. Drittens findet man fünf dreiseitige Doppelpyramiden, gebildet aus drei großen, spitzwinkligen goldenen Drei-

Abb. 172: Herausgenommene Hohlräume: fünfseitige Pyramiden, goldene Tetraederchen, dreiseitige Doppelpyramiden

ecken und drei kleinen stumpfwinkligen goldenen Dreiecken, das sind noch einmal dreißig. Zusammen hat der dritte Zwölf-Fünfeck-Körper außer dem Kern 12 + 30 + 30 = 72 Hohlräume.

Hohlräume hatten wir schon früher, z.B. bei den aufgesetzten abgeschnittenen Ecken oder bei allen Durchdringungen. Wir haben sie außer Acht gelassen, denn sie hatten weiter keine Bedeutung. Beim dritten Zwölf-Fünfeck-Körper sind es so viele, besondere Hohlräume, die man nicht einfach übergehen kann.

Die Konfiguration des Schnittes in Abb. 169 ist zugleich der Schlüssel für den Bau des anspruchsvollen Körpers (Abb. 173). Wir erkennen außer dem einen, zentralen Fünfeck lauter spitzwinklige und stumpfwinklige goldene Dreiecke in verschiedenen Größen.

Die zwölf Fünfecke schneiden sich gegenseitig mannigfach. Dabei entstehen abgesehen von den zwölf Fünfecken des Kerndodekaeders nur goldene Dreiecke. In Abb. 173 sind fünf von ihnen farbig gekennzeichnet. Im gesamten Körper sind sechzig von den gelb gekennzeichneten großen spitzwinkligen Dreiecken vorhanden, sechzig orange gefärbte

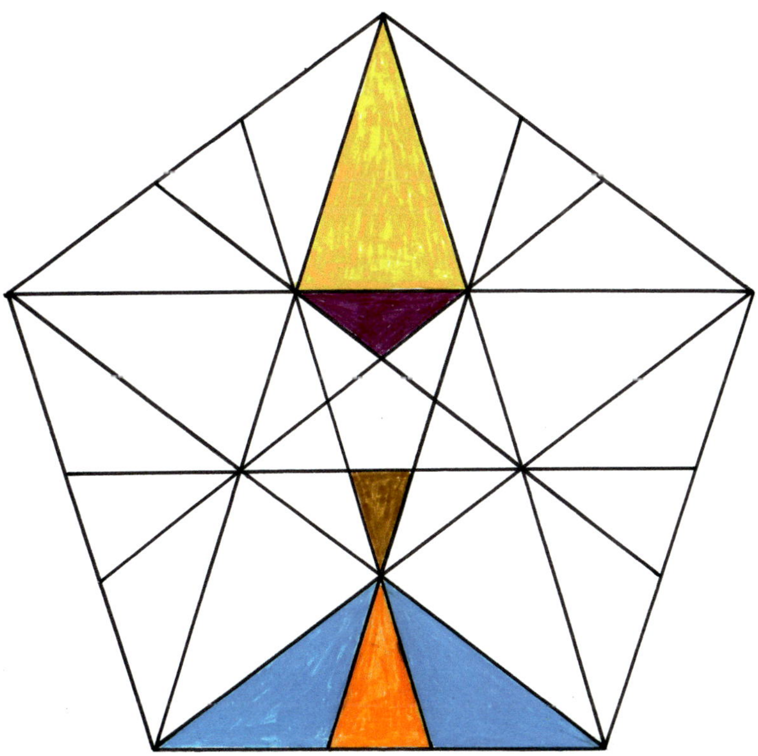

Abb. 173: Der Schlüssel für den Zwölf-Fünfeck-Körper

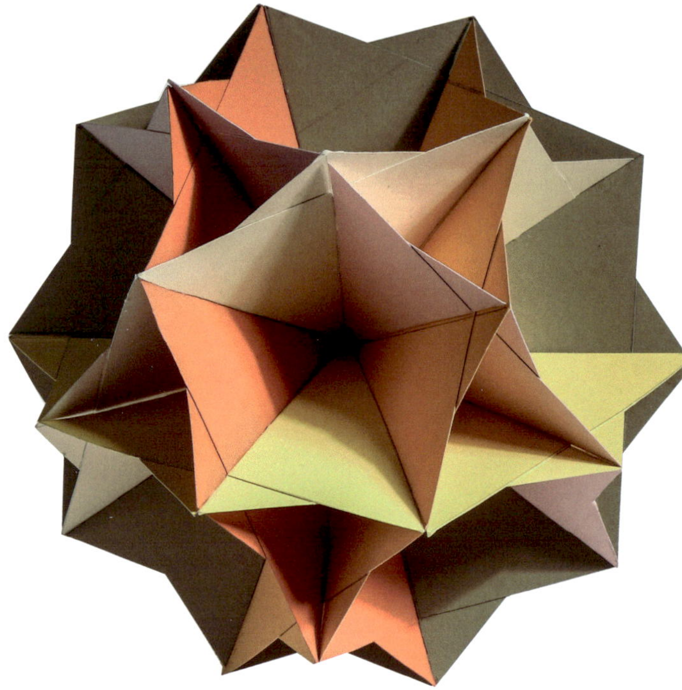

Abb. 174: Zwölf-Fünfeck-Gebilde

mittelgroße spitzwinklige und sechzig braun gefärbte kleine spitzwinklige Dreiecke. Von den stumpfwinkligen goldenen Dreiecken gibt es im gesamten Körper 120 große, blau gefärbte und sechzig lila gefärbte kleine. Zusammen sind also 60 + 60 + 60 + 120 + 60 = 360 goldene Dreiecke im Zwölf-Fünfeck-Körper zu finden, 180 spitzwinklige und ebenso viele stumpfwinklige.

Der Ikosaederstern lässt sich durch Erweiterung der bildenden Pentagramme zum dritten Zwölf-Fünfeck-Körper verwandeln. Kern und Schale sind Dodekaeder. Der Körper hat 102 nach außen offene Höhlen und 72 geschlossene Hohlräume. Die Fünfecke teilen sich gegenseitig in 360 goldene Teildreiecke.

Wir haben eine Folge von Körpern aus zwölf Fünfecken kennengelernt: das Dodekaeder, der erste Poinsot-Körper und den oben beschriebenen Zwölf-Fünfeck-Körper. Diese Reihe lässt sich durch ein weiteres Zusammenschieben der Fünfecke fortsetzen. Man gelangt schließlich zu einem Gebilde, in dem sich die Fünfecke paarweise in einem Punkt vereinigen. Das ist dann ein der Kemperschen Sechs-Zehneck-Wabe sehr ähnliches Gebilde (Abb. 174).

Goldene Rechtecke und goldene Quader

Der goldene Schnitt lässt sich auch am Rechteck anwenden. Wenn dessen Kanten in diesem Verhältnis stehen, nennen wir es ein «goldenes Rechteck» (Abb. 9 c, S. 17).

Die Endpunkte zweier im Ikosaeder gegenüberliegender Kanten bilden ein goldenes Rechteck. Es lassen sich im Ikosaeder drei solche Rechtecke finden, die senkrecht aufeinander stehen (Abb. 175). Diese drei goldenen Rechtecke haben zusammen zwölf Ecken ($3 \cdot 4 = 12$) wie das Ikosaeder. Die Ecken dieser drei goldenen Rechtecke erfassen also alle Ecken eines Ikosaeders. Durch diese drei goldenen Rechtecke ist das Ikosaeder bestimmt.

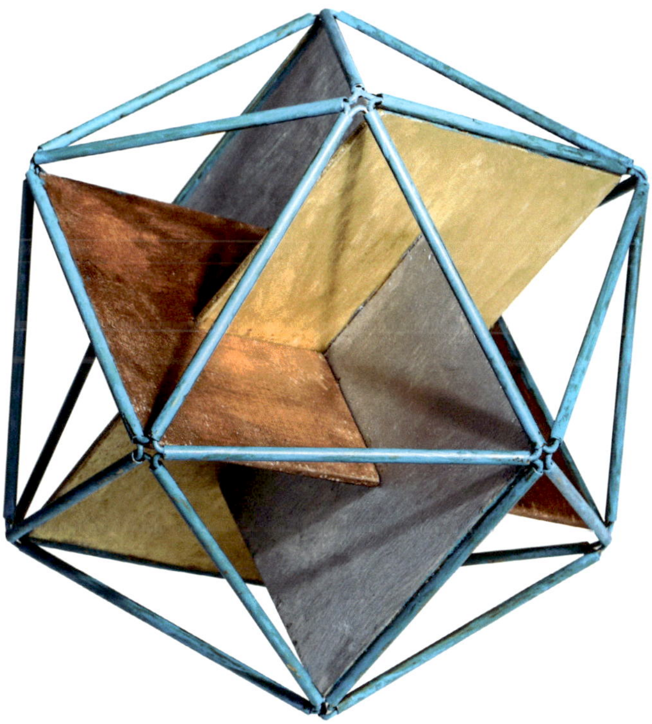

Abb. 175: Drei goldene Rechtecke im Ikosaeder

Die Seiten dieser Rechtecke stehen im Verhältnis des goldenen Schnittes, denn sie sind Seite und Diagonale im Fünfeck.

Für ein goldenes Rechteck werden jeweils nur zwei Kanten des Ikosaeders benötigt. Die anderen zwei Seiten des Rechtecks sind Raumdiago-

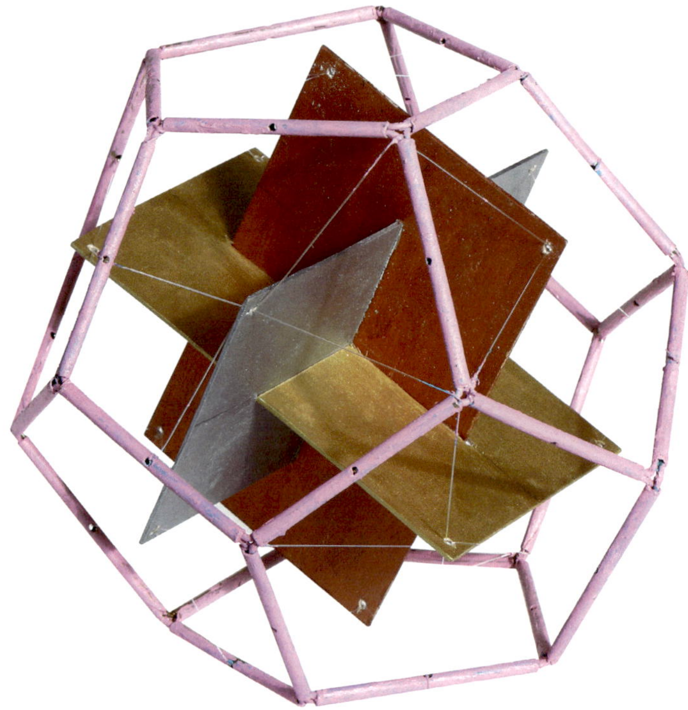

Abb. 176: Drei goldene Rechtecke im Dodekaeder

nalen des Ikosaeders. Weil das Ikosaeder dreißig Kanten hat, gibt es in jedem Ikosaeder insgesamt 30 : 2 = 15 solche goldene Rechtecke.

Wir wissen von Abb. 32 links (S. 50), dass man im Dodekaeder zu einem Ikosaeder kommt, wenn man die Flächenmitten des Dodekaeders miteinander verbindet. Also finden wir im Dodekaeder durch Verbindung der Flächenmitten auch fünfzehn goldene Rechtecke, davon drei senkrecht aufeinanderstehende (Abb. 176). Im Ikosaeder haben wir die goldenen Rechtecke durch Verbinden von Ecken gefunden, im Dodekaeder durch Verbinden der Flächenmitten.

Quader haben drei verschieden lange Kanten. Wenn deren Längen im goldenen Schnitt stehen, wenn also die kurze Kante sich zur mittleren Kante so verhält wie die mittlere zur langen, nennen wir ihn einen «goldenen Quader». Die kurze Kante und die mittlere Kante zusammen sind dann so lang wie die lange Kante am goldenen Quader. Die zwei größten Seitenflächen und die zwei kleinsten Seitenflächen des goldenen Quaders sind goldene Rechtecke. Die mittelgroßen Seitenflächen sind schmal, ihre Kanten sind Minor und Minor plus Major.

Solche Quader finden wir im Dodekaeder (Abb. 177). Wir müssen

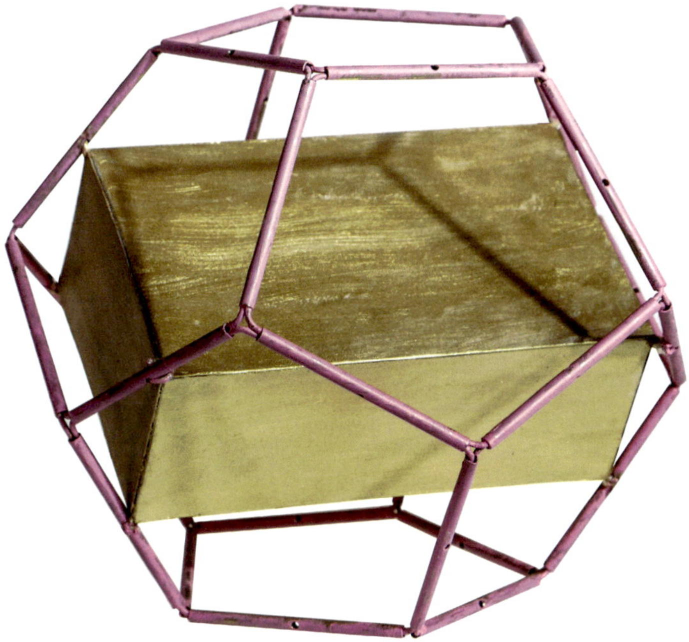

Abb. 177: Ein goldener Quader im Dodekaeder

dazu Kantenmitten verbinden. Die ersten vier Eckpunkte eines goldenen Quaders finden wir im Walmdachdeckel unserer Schachtelung. Es sind dies die Mittelpunkte der vier schrägen Stützkanten des Firstes. Die zweiten vier Eckpunkte des goldenen Quaders finden wir am Dodekaeder am First gegenüber. Diese beiden Rechtecke lassen sich zu einem goldenen Quader im Dodekaeder verbinden.

Bei der soeben angestellten Überlegung spielten zwei gegenüberliegende, parallele Dodekaederkanten eine Rolle, zwei gegenüberliegende Walmdachfirste. Das Dodekaeder hat dreißig Kanten. Es werden also insgesamt fünfzehn solche goldenen Quader in einem Dodekaeder zu finden sein. Besonders schön machen sich drei von den fünfzehn goldenen Quadern im Dodekaeder, die ähnlich wie die goldenen Rechtecke in den drei Raumesrichtungen liegen (Abb. 178).

Abb. 179 zeigt alle fünfzehn sich gegenseitig durchdringenden goldenen Quader. Die Hülle ist das erzeugende Dodekaeder, der Kern der Dreißig-Rhomben-Körper – schön anzuschauen, aber nur mit viel Geduld zu bauen. Der Körper hat 420 Teilflächen, von denen beim Bau die letzten einzeln eingepasst werden müssen.

Abb. 178: Drei goldene Quader im Dodekaeder
Abb. 179: Die fünfzehn goldenen Quader im Dodekaeder

Bekanntlich können Dodekaeder und Ikosaeder sich, gegenseitig die Kanten teilend, durchdringen (Abb. 64, S. 78). Die Lagen der Kantenmitten im Raum sind bei beiden Körpern die gleichen. Folglich können wir auch im Ikosaeder goldene Quader finden (Abb. 180).

Ein Bausatz für die Kantenmodelle dieses Kapitels ist vom Verfasser zu beziehen.[9] In diese können selbst gebaute Körper eingeschlossen werden.

Im Dodekaeder und im Ikosaeder finden wir 15 goldene Rechtecke und 15 goldene Quader.

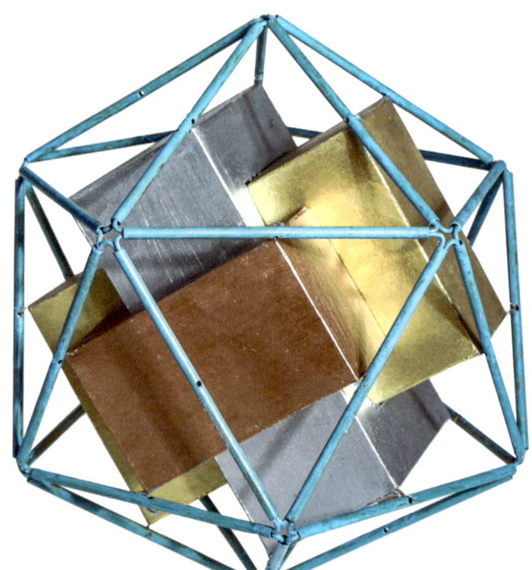

Abb. 180: Drei goldene Quader im Ikosaeder

Mittelpunkte der platonischen Körper

Es gibt verschiedene einfache Wege, zu Körpermittelpunkten zu kommen. Wir finden sie erstens als Schnittpunkt der längsten Raumdiagonalen, den Verbindungen von gegenüberliegenden Körperecken. Wir finden sie zweitens als Schnittpunkt von Verbindungen gegenüberliegender Flächenmitten. Und wir finden die Körpermittelpunkte drittens als Schnittpunkt von den Verbindungen gegenüberliegender Kantenmitten.

Beim Tetraeder funktionieren die beiden ersten Methoden nicht, denn es hat weder gegenüberliegende Ecken noch gegenüberliegende Flächen. Aber durch Verbindung von gegenüberliegenden Kantenmitten kommen wir auch beim Tetraeder zum Mittelpunkt (Abb. 181). Die Mittelpunkte der platonischen Körper sind zugleich die Mittelpunkte von Umkugel, Inkugel und Kantenkugel.

Außerdem kann man beim Tetraeder die Körpermitte auch durch die Verbindungslinien von den Ecken zu dem gegenüberliegenden Flächenmittelpunkten erhalten, also von den Höhen.

Es liegt die Frage nahe nach dem zum Körpermittelpunkt polaren Gebilde. Aus den bisherigen Erkenntnissen können wir schließen, dass es eine Fläche außerhalb des Körpers sein muss. Um den Mittelpunkt zu finden, haben wir gegenuberliegende Kantenmittelpunkte verbunden und sich schneiden lassen. Polar heißt das: Wir müssen an den platonischen Körpern gegenüberliegende Kantenmittelflächen (Abb. 17 oben, S. 29) zum Schnitt bringen. Welchen platonischen Körper wir auch nehmen, immer sind diese gegenüberliegenden Kantenmittelflächen parallel, auch beim Tetraeder.

Wir kommen nicht weiter zum polaren Gegenteil der Körpermittelpunkte. Vorher muss Grundsätzliches geklärt werden.

Die Mittelpunkte aller platonischen Körper können gefunden werden als Schnittpunkte der Verbindungslinien von den Mitten gegenüberliegender Kanten.

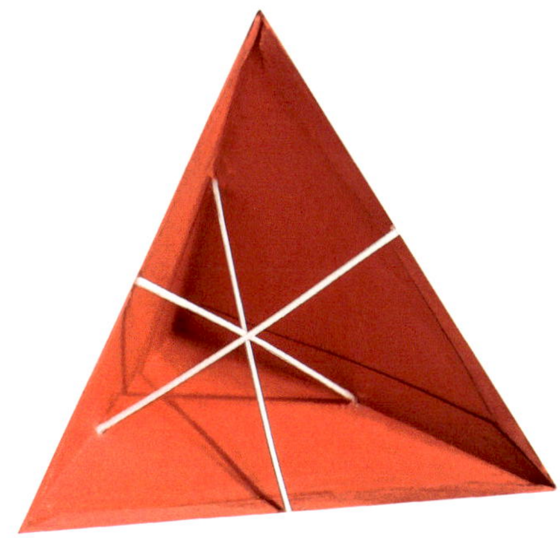

Abb. 181: Der Mittelpunkt des Tetraeders

Zur Unendlichkeit

Wir haben bei den platonischen Körpern Flächen, Kanten und Ecken betrachtet. Aus diesen drei Elementen sind alle Polyeder aufgebaut, neben den platonischen Körpern auch die archimedischen, catalanischen und andere Körper. Wir wissen: Flächen und Ecken stehen zueinander im polaren Verhältnis. Wir holen noch einmal den zweiten und den dritten Keplerstern in unsere Erinnerung (Abb. 163, S. 148 f.). Wenn wir die Kanten des Kernkörpers verlängern, treffen sie sich in den Ecken des Hüllkörpers, sie werden zu dessen Diagonalen.

Warum sollen wir mit der Verlängerung im eben herangezogenen Beispiel am äußeren Körper aufhören? Wir können die verlängerten Kanten bzw. die Diagonalen weiter verlängern und z.B. durch dünne Stangen realisieren. Irgendwann müssen wir mit dem Realisieren aufhören, aber mit unserer Fantasie können wir die Verlängerungen weitertreiben – nach beiden Seiten, über alle Stangenenden hinaus, immer weiter und weiter ... Unseren Gedanken sind keine Grenzen gesetzt, wir sagen, wir kämen irgendwann mit unseren Verlängerungen ins Unendliche. Eine auf beiden Enden bis ins Unendliche verlängerte Körperkante nennen wir eine «Gerade». Zwei Punkte auf so einer Geraden begrenzen eine Kante des ursprünglichen Körpers.

Auf ähnliche Weise wollen wir auch bereit sein, mit den Flächen der platonischen Körper umzugehen. Alle Flächen der platonischen Körper sind durch Kanten begrenzt. Auch der Tisch, auf dem z.B. ein Würfel liegt, hat eine Fläche, die von Kanten begrenzt wird. In Gedanken können wir die Fläche vergrößern – wie weit? Da gibt es wieder keine Grenzen, über den Horizont hinaus in den Weltenraum bis ins Unendliche ringsum. Wir sprechen dann nicht mehr von einer Fläche, sondern von einer «Ebene». Die Ebene muss nicht horizontal liegen, eine Ebene können wir uns trotz ihrer unendlichen Ausdehnung in allen möglichen Lagen vorstellen, z.B. hochkant oder schräg.

Durch Hinzunahme der Unendlichkeit werden die geometrischen Elemente erweitert. Aus der Kante wird eine Gerade, aus der Fläche eine Ebene, aus der Ecke ein Punkt.

Die Ecken können nicht verlängert werden, aber sie können beweglich gedacht werden, sie können als «Punkte» auf den Geraden und Ebenen laufen, bis in die Unendlichkeit hinein.

Die unendlich ferne Ebene

Nun wollen wir uns mit den erweiterten Begriffen Punkt, Gerade und Ebene als den drei geometrischen Grundelementen beschäftigen. In den folgenden Zeichnungen bedeutet die blaue Farbe Gegebenes und die rote Farbe Gewordenes. Aus praktischen Gründen können wir die Geraden und Ebenen nicht bis in die Unendlichkeit zeichnen, wir müssen sie mit Grenzen abbilden und jederzeit bereit sein, die Unendlichkeit dazuzudenken. Das polare Satzpaar zu diesen Zeichnungen ist ohne Beweis sofort einzusehen (Abb. 182).

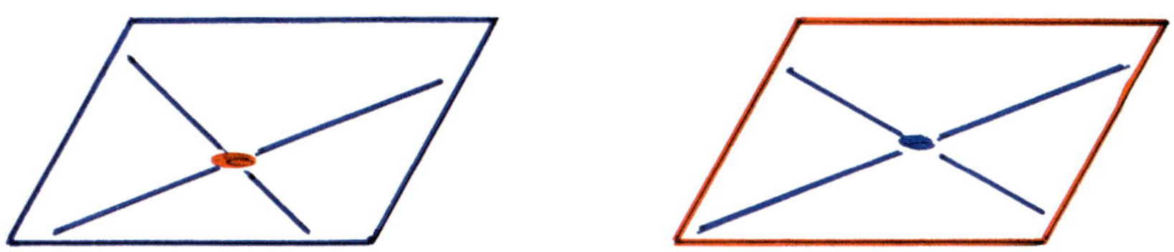

Abb. 182: Zwei Geraden in einer Ebene schneiden sich in einem Punkt. Zwei Geraden mit einem gemeinsamen Punkt spannen eine Ebene auf.

Ein kluger Mensch kann jedoch einwenden, dass diese zwei Sätze nur Gültigkeit hätten, wenn die beiden Geraden nicht parallel sind. Es scheint also diese unschöne Einschränkung nötig zu sein. Die Mathematiker fanden einen Ausweg: Sie forderten einfach, dass sich parallele Geraden im Unendlichen schneiden, wo man nicht hingehen und nachsehen kann. Damit sind die beiden obigen Sätze immer ohne Einschränkung gültig.

Darf man so etwas machen? Diese Frage stellten sich die Mathematiker sehr wohl. Deshalb verwendeten sie dieses rettende Postulat zunächst mit Vorsicht. Sie prüften sorgfältig, ob durch diese Annahme irgendwo Widersprüche auftreten würden. Tatsache ist, dass keine Widersprüche gefunden wurden. So konnte man getrost dabei bleiben und festhalten:

Zwei Geraden in einer Ebene schneiden sich *immer* in einem Punkt. Und wenn sie parallel sind, dann schneiden sie sich im Unendlichen, ob das nun vorstellbar ist oder nicht.

Zwei Geraden mit einem gemeinsamen Punkt spannen *immer* eine Ebene auf. Und wenn sie parallel sind, liegt der gemeinsame Punkt eben im Unendlichen.

Machen wir einen Versuch mit diesem Postulat. Zwei neue polare Sätze sind in Abb. 183 dargestellt.

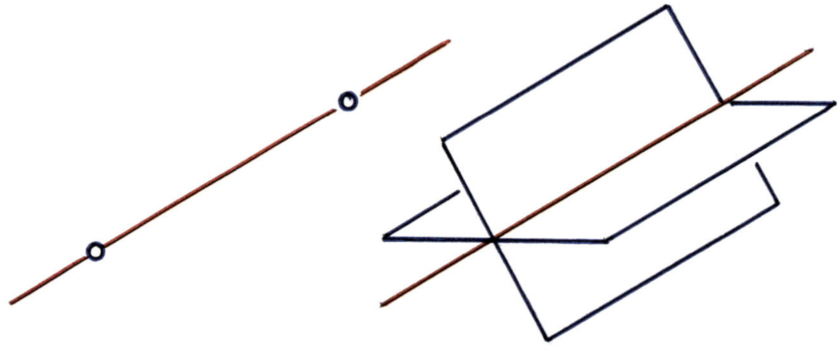

Abb. 183: Zwei Punkte bestimmen durch Verbindung eine Gerade. Zwei Ebenen bestimmen durch Schnitt eine Gerade.

Wenn aber nun einer der beiden Punkte von Abb. 183 im Unendlichen verschwunden ist, wie soll ich dann die zwei Punkte verbinden? Kein Problem! Wir müssen nur wissen, in welcher Richtung der Punkt ins Unendliche verschwand, ein Pfeil in dieser Richtung genügt. Wir ziehen durch den hier gebliebenen Punkt eine Parallele zum Pfeil so weit das Papier reicht, und haben damit das Problem gelöst (Abb. 184).

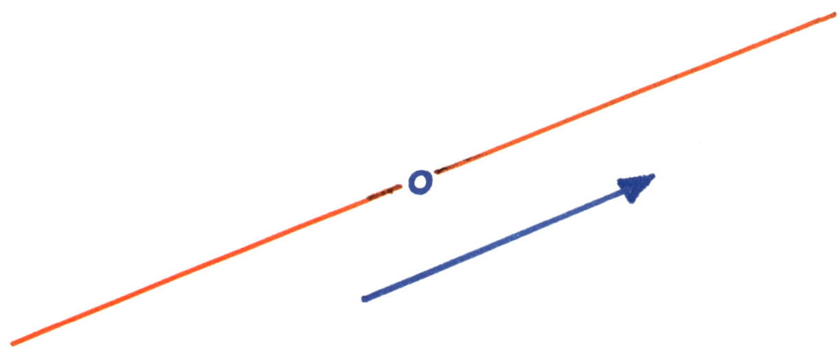

Abb. 184: Verbindung eines Punktes mit einem zweiten im Unendlichen

Und wenn die beiden Ebenen von Abb. 183 parallel sind, wo ist dann bitte die Schnittgerade? Kein Problem, sie ist in ihrer Gesamtheit im Unendlichen, ringsum in der durch die beiden parallelen Ebenen angegebenen Richtung. Wir nennen sie die eine «unendlich ferne Gerade» dieser beiden Ebenen.

Wenn die beiden parallelen Ebenen horizontal liegen, ist ihre gemeinsame Gerade weit, weit hinter dem Horizont. Wenn die beiden parallelen Ebenen hochkant stehen, geht ihre gemeinsame Gerade durch Zenit und Nadir. Wenn die beiden parallelen Ebenen schräg stehen, ist ihre gemeinsame Gerade in der gleichen Schräge im Unendlichen vorzustellen. Damit ist das Problem gelöst, zwei Ebenen schneiden sich also immer, auch dann, wenn sie parallel sind. Weil die parallelen Ebenen nicht horizontal liegen müssen, gibt es unendlich viele unendlich ferne Geraden.

Wir sind so weit, dass wir unser Eingangsproblem weiter behandeln können. Zur Erinnerung: Wir suchen das zu dem Mittelpunkt eines platonischen Körpers polare Gebilde. Als Beispiel wählen wir das Tetraeder. Wir fanden den Mittelpunkt durch Verbinden gegenüberliegender Kantenmittelpunkte (Abb. 184). Wir polarisieren: An die Stelle der gegenüberliegenden Kantenmittelpunkte am Tetraeder treten jetzt Kantenmittelebenen an gegenüberliegenden Kanten des Tetraeders. Wir stellen fest: Sie sind parallel und schneiden sich daher in einer unendlich fernen Geraden.

Weil das Tetraeder drei gegenüberliegende Kantenpaare hat, können wir diese Überlegung dreimal machen, wir bekommen drei unendlich ferne Geraden. So wie die drei Verbindungen der Tetraeder-Kantenmitten durch einen Punkt, den Mittelpunkt des Tetraeders, gehen, werden die drei unendlich fernen Geraden in einer Ebene liegen. Diese Ebene ist die «unendlich ferne Ebene».

Eine Hilfe zur Vorstellung der unendlich fernen Ebene ist eine Kugel, in deren Mitte wir uns befinden. Jede Kugeloberfläche hat eine gewisse Krümmung. Wenn wir den Radius dieser Kugel immer größer machen, wird die Krümmung immer geringer. Wenn der Radius unendlich groß geworden ist, hat die Kugeloberfläche in der Unendlichkeit keine Krümmung mehr, sie ist zur unendlich fernen Ebene geworden.

Probieren wir diesen kühnen Gedankengang ein zweites Mal aus, am Oktaeder. Den Mittelpunkt des Oktaeders finden wir am einfachsten durch Verbinden gegenüberliegender Eckenpaare, den Diagonalen. Alle drei Diagonalen treffen sich im Mittelpunkt des Oktaeders.

Polar nehmen wir einen Würfel zur Hand. Wir haben – statt zwei gegenüberliegende Oktaederecken zu verbinden – zwei gegenüberliegende Würfelflächen zum Schnitt zu bringen. Weil sie parallel sind, müssen wir die Würfelflächen zu Ebenen bis ins Unendliche erweitern, dort schneiden sie sich und bilden eine unendlich ferne Gerade. Der Würfel liegt dann zwischen zwei unendlich weiten parallelen Ebenen wie verloren. Die Schnittgerade ist die «unendlich ferne Gerade» der beiden parallelen Ebenen. Wenn der Würfel auf einem horizontal stehenden Tisch liegt, ist die unendlich ferne Schnittgerade weit hinter dem Horizont anzunehmen.

So wie das Oktaeder noch zwei weitere gegenüberliegende Eckenpaare hat, so hat der Würfel noch zwei weitere parallele Flächenpaare, und auf diese Weise kommen wir zu zwei weiteren unendlich fernen Geraden. Während die erste sozusagen im Horizont lag, geht die zweite bei einem entsprechend ausgerichteten Würfel aufrecht durch den Süd- und den Nordpunkt am Horizont und auch durch Zenit und Nadir.

Die Schnittgerade des dritten Ebenenpaares am Würfel geht bei gleicher Ausrichtung über den Ost- und den Westpunkt und auch über Zenit und Nadir. Diese drei unendlich fernen Geraden liegen ebenso in der einen unendlich fernen Ebene, wie die drei Diagonalen des Oktaeders sich in einem Punkt, dem Mittelpunkt, treffen.

Die gleichen Überlegungen können wir an den restlichen drei platonischen Körpern anstellen, auch an den archimedischen Körper und den catalanischen Körpern. Immer wieder kommen wir zu der einen unendlich fernen Ebene. Wir sind am Ziel: Dem Mittelpunkt aller geometrischer Körper entspricht polar die eine unendlich ferne Ebene.

Das zu den Mittelpunkten aller geometrischen Körper polare Gebilde ist die unendlich ferne Ebene. Jeder einzelne Körper hat seinen eigenen Mittelpunkt, allen Körpern ist die eine unendlich ferne Ebene gemeinsam.

Schön an dieser Vorstellung ist, dass die platonischen Körper und auch alle anderen Körper als polares Gebilde zu ihrem Mittelpunkt die gleiche, einzige unendlich ferne Ebene gemeinsam haben. Den Mittelpunkt hat aber jeder Körper für sich allein.

Hiermit seien die Betrachtungen über die platonischen Körper abgeschlossen. Aus der Fülle ihrer harmonischen Eigenschaften sind einige dargestellt worden. Das Thema ist damit noch nicht erschöpft. Insbesondere sind bewusst die Umstülpungen unerwähnt geblieben. Wer sich weiter informieren will, dem seien die Schriften der nebenstehenden Literaturangaben empfohlen.

Literatur

1 Renatus Ziegler, *Platonische Körper: Verwandtschaften, Metamorphosen, Umstülpungen,* Dornach: Verlag am Goetheanum 2012.

2 Paul Adam / Arnold Wyss, *Platonische und Archimedische Körper, ihre Sternformen und polaren Gebilde*, Bern / Stuttgart: Verlag Paul Haupt, Verlag Freies Geistesleben 1984.

3 Ernst Bindel, *Harmonien im Reiche der Geometrie. In Anlehnung an Keplers Weltharmonik*, Stuttgart: Verlag Freies Geistesleben 1964.

4 George Adams, *Von dem ätherischen Raum*, Stuttgart: Verlag Freies Geistesleben ²1964.

5 Georg Unger, *Das offenbare Geheimnis des Raumes. Meditationen am Pentagondodekaeder nach Carl Kemper*, Stuttgart: Verlag Freies Geistesleben ²1975.

6 Heidi Keller-von Asten, *Wandlungen. Freundschaft mit den platonischen Körpern*, Dornach: Verlag Walter Keller 1980.

7 Tiberiu Roman, *Reguläre und halbreguläre Polyeder,* Frankfurt / Main: Harri Deutsch Verlag 1987.

8 Ernst Bindel, *Die ägyptischen Pyramiden als Zeugen vergangener Mysterienweisheit,* Stuttgart: Verlag Freies Geistesleben ⁵1979.

9 Walter Kraul, Experimentierkasten *Platonische Körper – Geometrie im Raum*, Neufahrner Weg 2, 82057 Icking, www.spielzeug-kraul.de

Kopiervorlagen

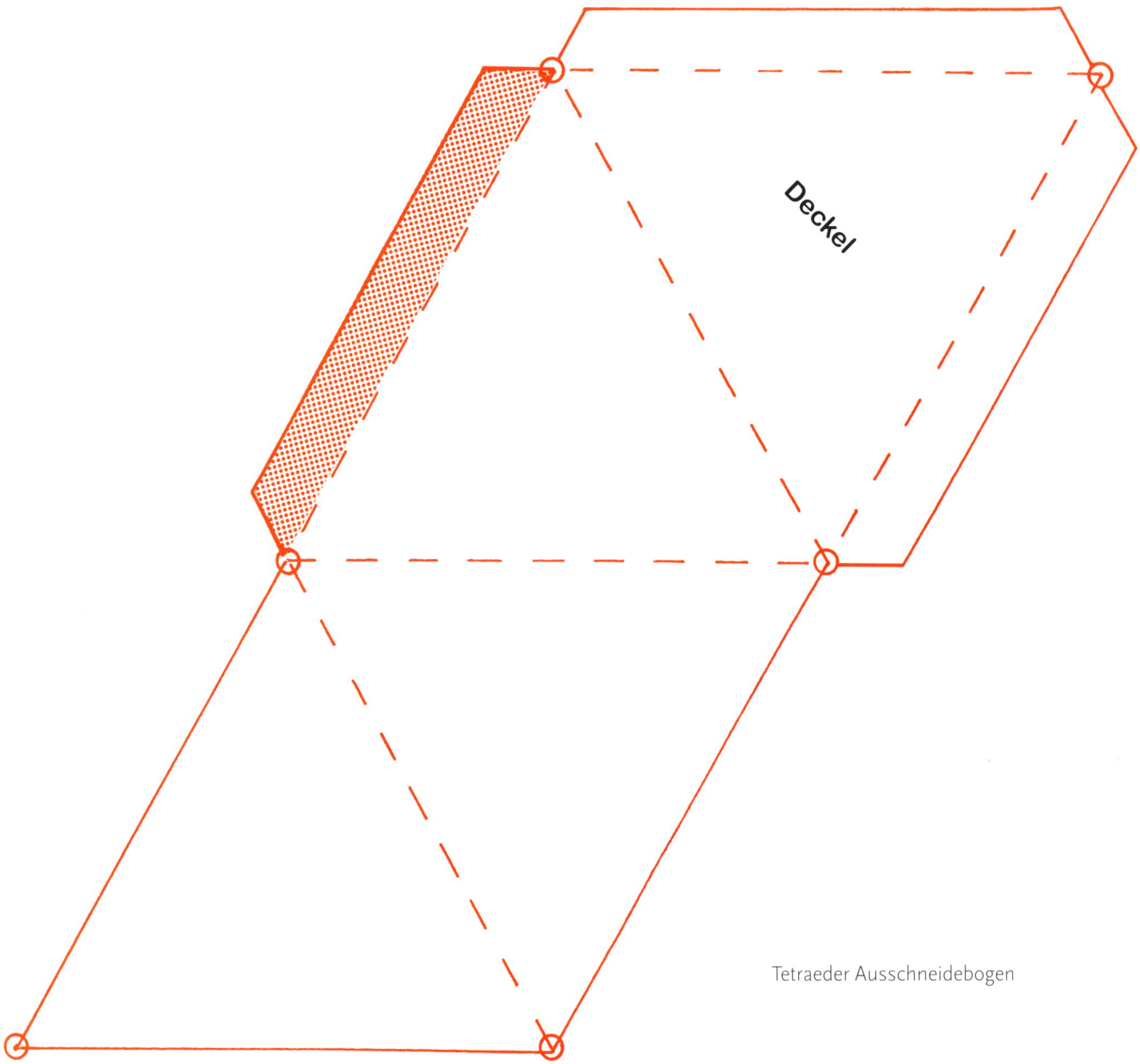

Tetraeder Ausschneidebogen

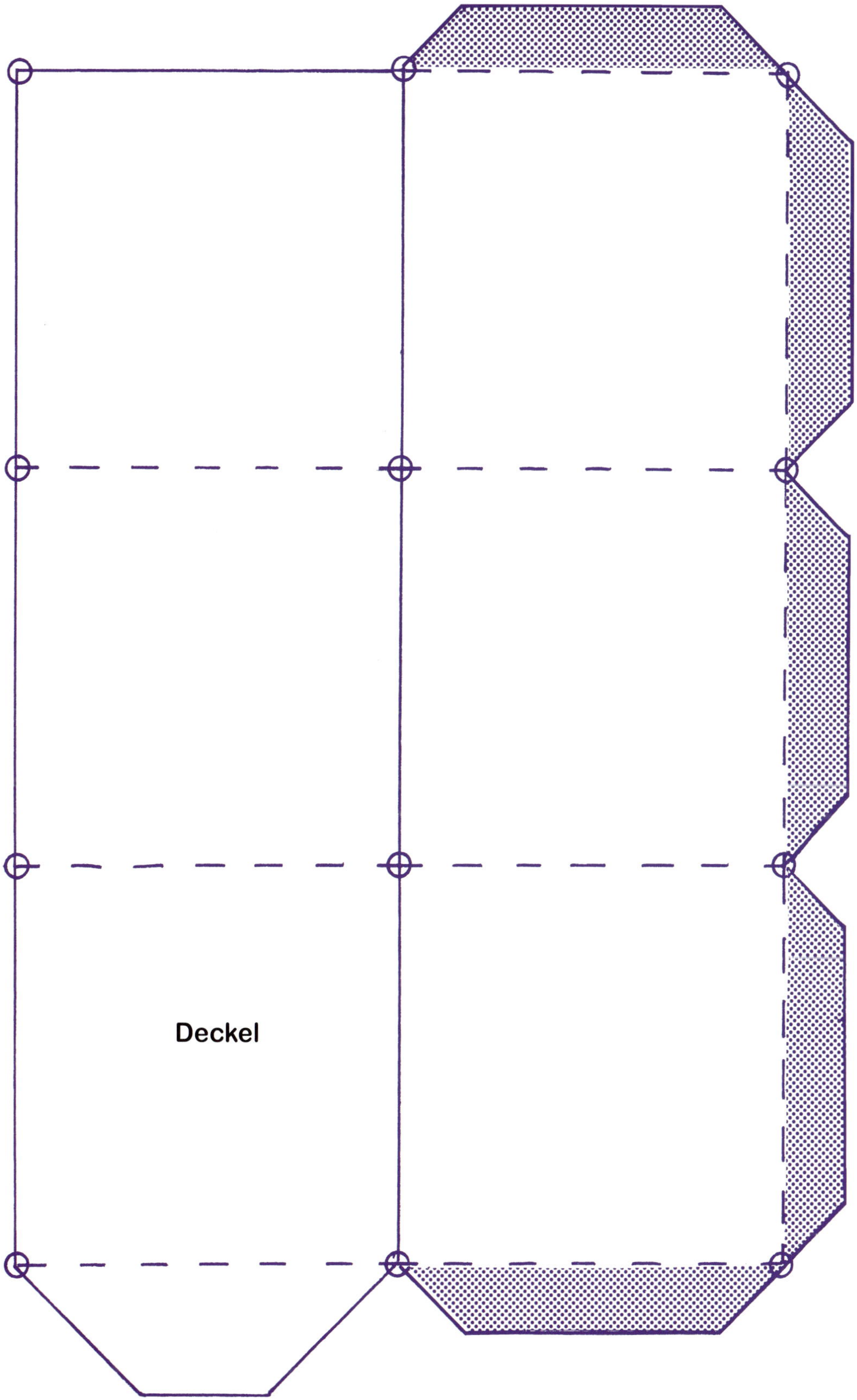

Würfel Ausschneidebogen

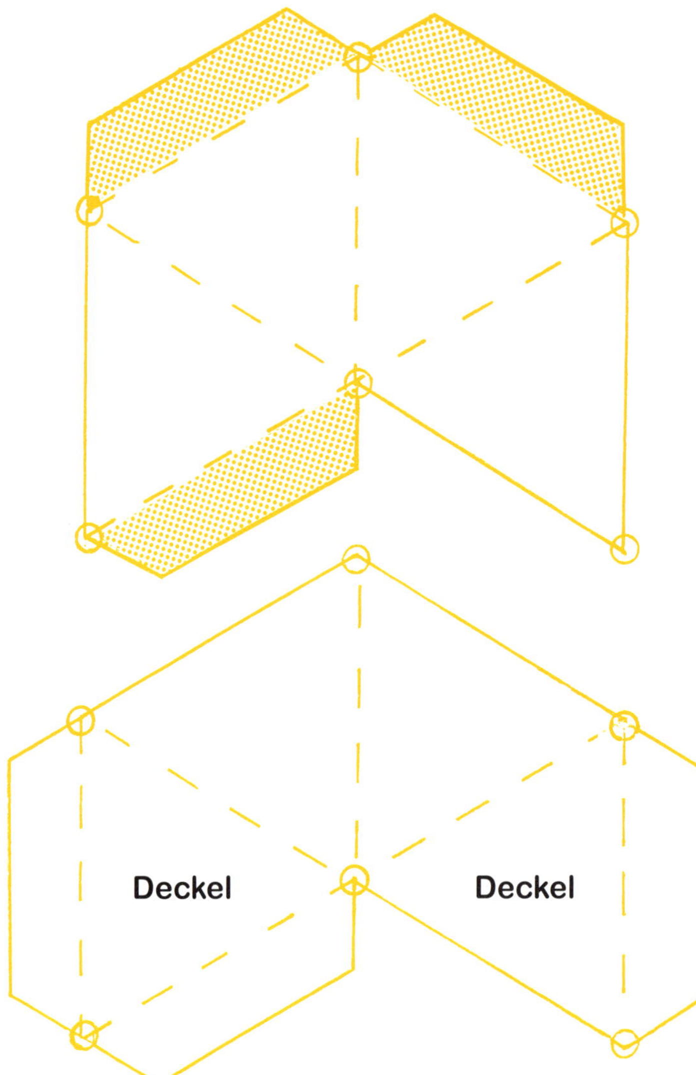

Oktaeder Ausschneidebogen

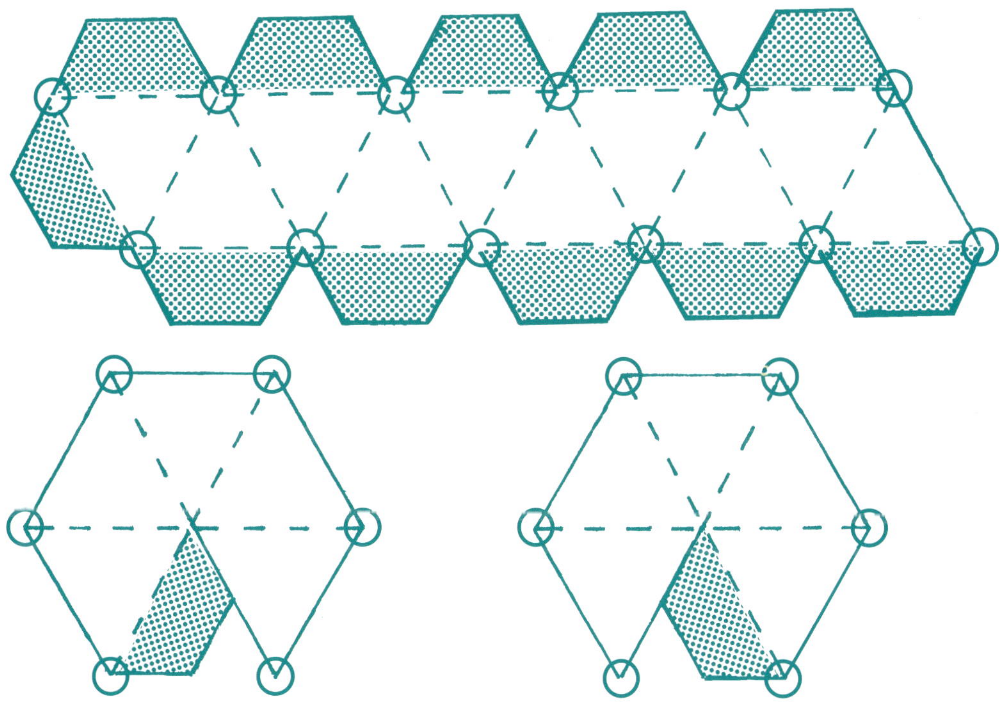

Ikosaeder Ausschneidebogen

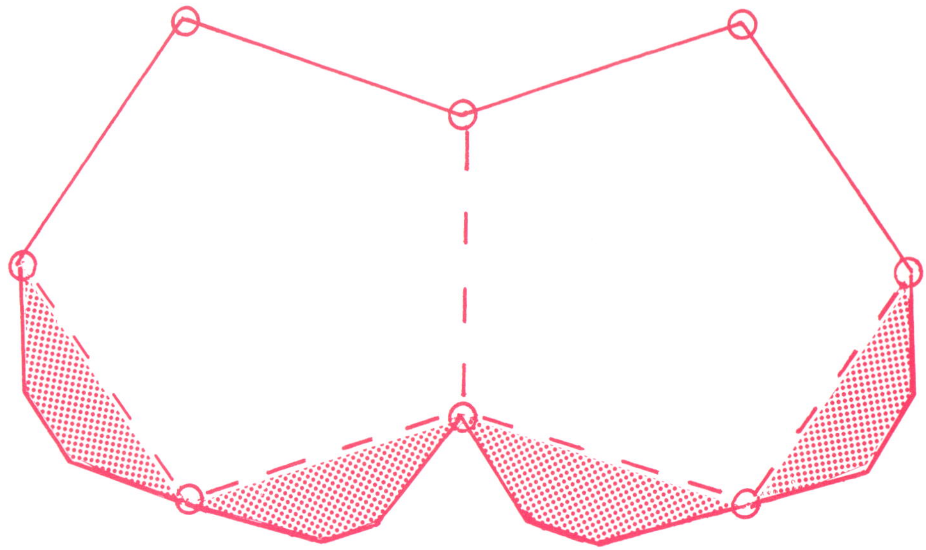

Dodekaeder, 1. Ausschneidebogen

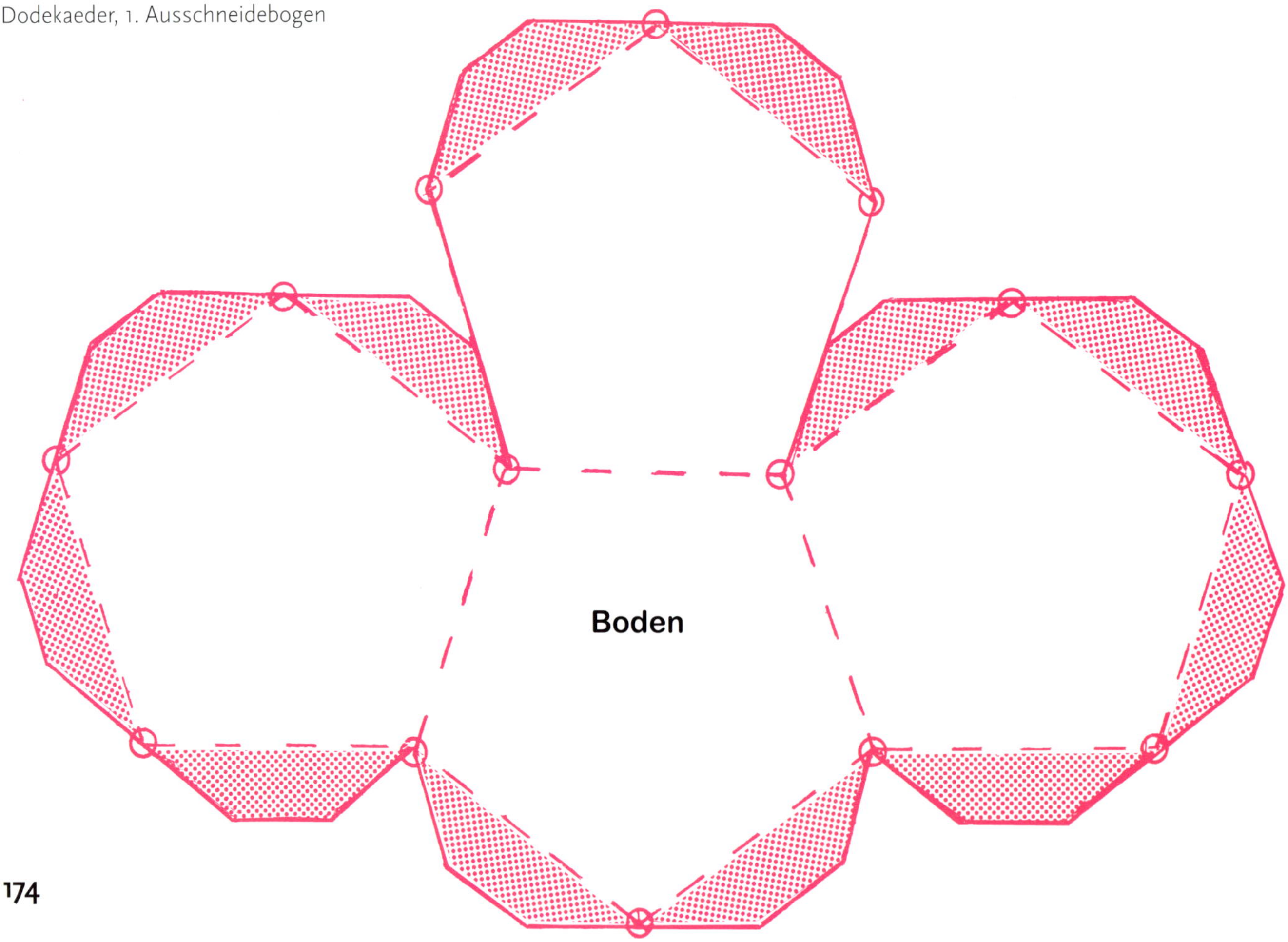

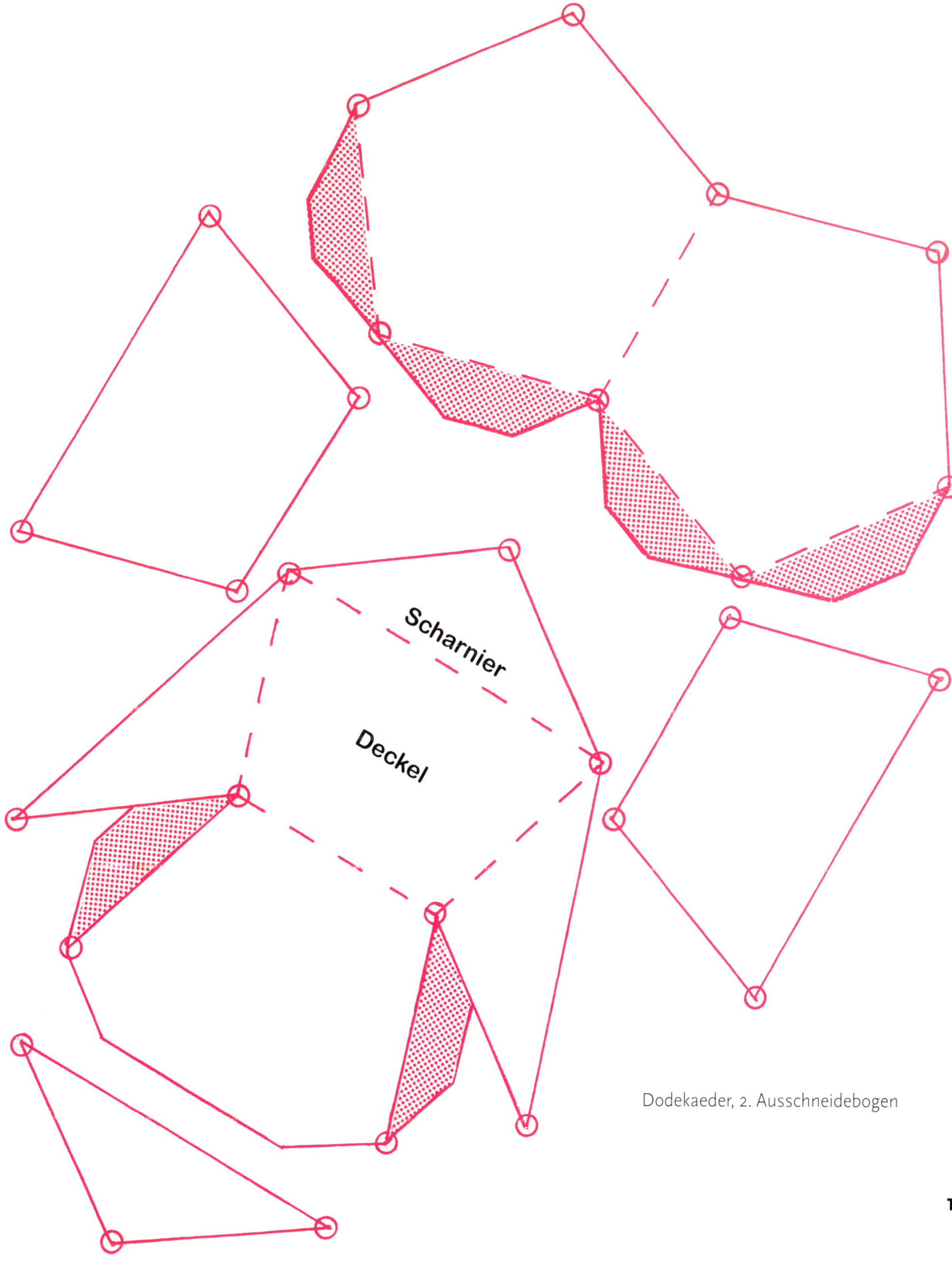

Dodekaeder, 2. Ausschneidebogen

Walter Kraul
Erscheinungen am Sternenhimmel
Die Bewegungen der Gestirne beobachten und verstehen
Verlag Freies Geistesleben